大型复杂项目时间管理实用指南

[英] 皇家特许建造学会　编著

蓝　毅　译

中国建筑工业出版社

著作权合同登记图字：01-2013-4332号

图书在版编目（CIP）数据

大型复杂项目时间管理实用指南/[英]皇家特许建造学会编
著；蓝毅译.—北京：中国建筑工业出版社，2017.11
ISBN 978-7-112-21396-2

Ⅰ.①大… Ⅱ.①皇…②蓝… Ⅲ.①建筑工程—工程项
目管理—指南 Ⅳ.①TU71-62

中国版本图书馆CIP数据核字（2017）第259651号

Guide to Good Practice in the Management of Time in Complex Projects / The Chartered Institute of Building,
ISBN 9781444334937
Copyright ©2011 The Chartered Institute of Building
Chinese Translation Copyright ©2018 China Architecture & Building Press

本书经英国 John Wiley & Sons Ltd 出版公司正式授权翻译、出版

责任编辑：董苏华　率　琦
责任校对：焦　乐　王宇枢

大型复杂项目时间管理实用指南

[英] 皇家特许建造学会　编著
蓝毅　译

*

中国建筑工业出版社出版、发行（北京海淀三里河路9号）
各地新华书店、建筑书店经销
北京京点图文设计有限公司制版
河北鹏润印刷有限公司印刷

*

开本：787×1092毫米　1/16　印张：9½　字数：215千字
2018年3月第一版　2018年3月第一次印刷
定价：49.00元
ISBN 978-7-112-21396-2
　　（31103）

目　录

作者简介

Keith Pickavance

法学学士（荣誉学位）、建筑学学士、建筑工程学学士、英国皇家建筑师协会会员、现场技术支持工程师、英国皇家特许建造学会（CIOB）前任主席

希尔国际集团（Hill International）高级副总裁、项目主管、本书主编、技术编辑与撰稿人

  Keith 先生在担任全英特许建筑师协会（CIOB）主席期间（2008 ~ 2009 年）开始倡导建筑项目时间管理的概念。作为资深建筑师及希尔国际集团高级副总裁，Keith 先生已有近 40 年的工程经验，涉及领域包括建筑管理、项目计划、项目风控、项目延期的关键路径法分析、建筑工程延期与进度干扰的索赔诉讼、土木与油气工程、IT 与船舶工程合同审查等。

Alan Midgley 工学学士（荣誉学位），土木工程师、英国皇家特许建造学会副会员

Capita Symonds 公司副董事

本书编委会会主席、撰稿人

  Alan 先生毕业于土木工程专业，并已有 5 年建筑工程设计与现场施工经验（包括临时与永久性工程设计）及 10 年项目计划经验。Alan 先生曾供职于多家大型的建筑合同拟定、项目管理及咨询公司，其专精领域是高质量的私家住宅设计与施工，并已在英国与新加坡完成多个项目。Alan 先生目前带领的项目计划师团队为英国皇家建筑师学会（RIBA）提供项目控制与经济增加值服务，涵盖范围为 RIBA 的 B 阶段准备[①]至合同发包为止，技术服务总价值达 6 亿英镑。

Mark Russell

理学学士（荣誉学位），英国皇家特许建造学会副会员

英国国家房屋建筑委员会（NHBC）技术服务项目主管

本书撰稿人及项目协调员

  Mark 先生以一等荣誉学位毕业于英国设菲尔德哈勒姆大学（Sheffield Hallam University）2005 级建筑管理专业，迄今为止主要工作领域为住宅与零售业建筑的勘测员、施工主管与检查员。Mark 先生在本书的编写过程中，以 CIOB 派遣员的身份担任项目协调员一职。

---

① 与客户就项目需求的沟通阶段。——译者

David Tyerman
工商管理硕士、法学学士
Spencer 工程集团项目计划主管
本书编委会核心成员、撰稿人

David 先生供职的 Spencer 集团主要从事土木工程建设，其本人则主要负责公司项目的规划与监控。除此以外，David 先生还擅长对项目延迟与干扰的诊断分析，其客户范围涵盖建筑与石油化工等多个领域。David 先生高度关注项目规划与监控这一学科的发展，并积极从事与此相关的培训和专业评估工作。

Gildas André
理学学士（荣誉学位）、理学硕士、工商管理硕士，英国皇家特许建造学会会员
安永集团（Ernst & Young）高级主管
本书编委会核心成员、撰稿人

Gildas 先生的工程经验涵盖了项目设计与施工的各个阶段，并专精于项目开发管理、项目规划与项目财务审计。Gildas 先生现面向英国及世界客户提供大型土木、交通等基建项目规划与交付方面的管理服务。

Paul Kidston
建筑管理专业研究生文凭（PG Dip），英国皇家特许建造学会会员
Vinci 建筑集团计划部主管
本书编委会核心成员、撰稿人

Paul 先生长年从事建筑工程的一线工作，如工程主管、现场主管和计划主管等。Paul 先生从事过大量不同类型的复杂项目建设，包括高级公用建筑、写字楼和铁路等不同领域。Paul 先生曾以项目挣值分析法为英国许多政企机构，如英国机场管理局 BAA 及 Boots 医药集团等提供专业服务，并曾在英国建筑界多次发表演讲。

Robert Clark

理学学士（荣誉学位），英国皇家特许测量师学会会员（MRICS）、英国皇家特许建造学会资深会员（FCIOB）

独立顾问人

本书编委会核心成员、撰稿人

Robert 先生作为一名自由职业者，为英国政府与私人企业客户提供项目管理，IT 与商业、财务等方面的咨询服务。Robert 先生主要从事项目与施工管理、专家顾问服务、合同履行监管、商业规划与财务监控等工作，最近担任英国一政府客户的特聘项目与风控主管。

Tony Ciorra

项目管理协会会员（MAPM），注册估值分析师（CVA）

Edge 咨询公司合伙人

本书编委会核心成员、撰稿人

Tony 先生拥有 10 年建筑集团高级项目计划师及协调员的工作经验。在过去的 17 年里，Tony 先生一直担任众多建筑项目及非建筑商业项目管理委员会的首席顾问。Tony 先生曾参与多个大型的商业、零售业与医疗卫生建筑工程的设计与施工，并曾多次为大型或集团客户出任专家顾问。

Trevor Drury

项目管理专业研究生文凭（PG Dip）、法学专业研究生文凭、工商管理硕士，英国皇家特许测量师学会资深会员（FRICS），英国皇家特许建造学会资深会员（FCIOB）

Estia 咨询公司总经理

本书编委会核心成员、撰稿人

Trevor 先生是注册的建筑造价师，项目经理与纠纷仲裁顾问，已有 27 年相关经验，曾就职于大型建筑集团公司，作为私人执业者及建筑合同与索赔顾问。Trevor 先生目前的主要工作是延期项目的进度恢复及为客户就项目延期代理索赔事宜。Trevor 先生还曾多次在建筑相关的诉讼等法律程序中担任项目造价或管理方面的专家顾问。

Earl Glenwright

土木工程学学士、工商管理硕士

本书编委会成员

  Earl 先生已有超过 40 年建筑行业从业经验，是认证的项目规划与计划专家（PSP）和美国项目管理协会（PMI）项目计划学院与美国成本工程师协会（AACE）国际规划与计划委员会委员。Earl 先生具有丰富的大型与超大型建筑项目工程经验。

Patrick Weaver

美国 PMI 认证项目管理专业人士（PMP）、FAICD、英国皇家特许建造学会资深会员（FCIOB）、澳大利亚项目管理学会会员（MAIPM）、英国项目管理协会会员（MAPM）Mosaic 项目服务公司总经理

本书编委会成员

  Patrick 先生曾担任澳大利亚特许建筑学会主席（2006 ~ 2008 年），已有超过 35 年建筑行业与项目管理从业经验，主要从事建筑、工程施工与基建项目的规划与管理。近年来 Patrick 先生还从事项目管理部门筹建工作与政府部门 ICT 商业项目的规划。Patrick 先生曾多次在世界范围内举办专题讲座与培训。

其他撰稿人：

Andrew Owenson

Andrew Platten 博士

Anthony Caletka

Ian Rollitt

John Banks

Octavian Dan

Peter Curtis

Peter J Green

序

早期状况

本书的写作构想最早可以追溯至 1974 年 8 月，笔者其时正负责一个有 54 个床位的护理中心建筑项目，并以书面形式问责项目指定分包商的机械设备安装不合格，要求其做出整改，否则将考虑更换分包商。几天后笔者收到对方法律顾问一封长达 17 页的回信，对笔者去信的措辞、句式、文法以及合同条款的理解等进行了全方位的批评与指责，最后以一句 "nemo dat quod non habit"[①] 的法律术语作为结尾。这封信改变了笔者原先的职业思维及随后的职业发展。很明显，作为一名建筑师，所受的工程训练完全无法应付法律人士援引拉丁文格言做出的辩解，而且很明显对笔者当时而言，未来 30 年的职业生涯里这将绝非最后一次，于是笔者开始进修法律学位。

项目管理与挣值分析的计算机化

1982 年，笔者与自己的兄弟，一位建筑造价师一起，在工作中发明了一种新的建筑项目管理办法。笔者所在的设计团队将设计与估价的项目划分成若干小的采购包，分别向不同承包商采购和管理。当时只能使用手工绘制的柱状图反映各采购包的进度及彼此之间的关联度。采购包通常都划分得比较细且很少中途变更，因此单个采购包通常耗时较少。此外笔者团队使用了今天被称为"挣值管理"（EVM）的管理方法，当多个采购包同时进行时，可以分析单个采购包的完成进度对项目总体成本与竣工日期可能产生的影响。

即使在当时，如此大的工作量也使得团队对计算机的应用需求迫切，然而当时的个人电脑（苹果 2b 型）功能远远无法和今天的相比，完全不能满足需求。笔者后来以自己的退休金为抵押，按揭了一台 PDP 11-73 小型机[②]，可同时支持三块显示屏、两台打印机，并拥有可编程数据库与电子表格软件。这样的配置在当时堪称豪华，而以现在的眼光看来，电子表格只能按从左上至右下的顺序执行计算功能，而且当执行较复杂的计算时（超过 40 张表格），计算时间足够笔者享受一次悠闲的下午茶。

---

① 西方法律中的一条原则，大意为己所无者不能予人。——译者注
② 计算机史上最著名的小型机之一。——译者注

关键路径分析与方法的改变

1989 年，笔者兄弟决定转行成为建筑承包商，笔者自己则继续从事建筑师与建筑工程仲裁员工作。而随着工作经验的日益丰富，笔者深感在建筑工程管理中，关键路径网络法及其工程应用显然并未受到充分重视。一天清晨，笔者自梦里醒来时仍在考虑，作为一名建筑师，当建筑工程同时存在延期与浮动时间时，应怎样合理延长工作时间的问题，这时创作本书的想法第一次浮现，并草拟了一个大纲。随后的七年中，笔者所有业余时间都用在广泛查阅所有能找到的专业资料上，包括关键路径法、风险管理、举证等；自笔者于 1993 年加入一家美国咨询公司设在伦敦的分部后，资料查询的范围已经大大缩小。

1997 年，拙著《建筑合同中的延期与干扰》第一版面世，成为英国第一部出版的关于延期分析的著作。该书面世之初，笔者与编辑的本意是向英国的建筑师提供关于项目工期延长方面的建议，出乎意料的是该书半年后即已销往全世界 54 个国家。由此而观之，项目时间管理是个世界性的问题，无论何种文化，哪国管辖区域及何种工业领域，只要涉及工程项目，由一定数目的设计者，在一定的时间期限内，根据合同约束完成某种产品（含义可能很广泛）的创作，且中途合同甲方可能更改要求，在任何此类情况下，都需要面临时间管理的问题。

在此背景下，"延期分析师"这一职业应运而生，专门负责在项目出现延期时仔细分析其具体原因。毫无疑问，对原本就专精于项目延期原因及对项目整体竣工影响分析的一部分建筑师（并非全部）、造价师、土木工程师和项目经理而言，这一技能可以应用到大量的延期项目与纠纷仲裁里，是一条全新的职业发展途径，而这一领域的专业书籍也会越来越多。

培训与教育——高级讲习班系列

到 1999 年为止，笔者所从事的几乎全部工作内容是为业主、承包商、分包商、建筑师与工程师提供关于项目延期方面的咨询服务，这也使得笔者对当时建筑行业内（包括英国与其他国家）的项目时间管理问题认识更为清晰。在笔者所经手的所有项目里，几乎都可以看到因为缺乏有效计划、没有做好进度记录和项目监管不力而引发的问题，笔者不得不一次又一次地纠正被合同双方"批准"的，但实际效率极其低下的项目计划；而这样的项目计划往往除了制订的承包商外，几乎无人关心，甚至没有一份较正式的电子文档；笔者见到的项目进度记录，即使有，也常常一片混乱，以至于到了除非全部重新录入数据库，否则毫无用处的地步。

因此，笔者自 2000 年起开办短期的高级讲习班，为工业界提供项目延期分析与时间管理方面的培训。第一期讲习班在英国肯特郡布罗姆利区的 PA 咨询公司会议中心举办，有 32 名学员。培训包括为期两天的讲座与案例分析，以及学习完成后留待学员完成的范例分析，要求学员通过一定的计算，分析项目延期的原因与影响；此外还有面向技术工程法庭（TCC）的法官与仲裁员的案例讲座。讲习班收费不菲，但支付给讲师的报酬同样可观，外加场地与设备费用（六台计算机与相应软件花费等）后，笔者于其中并无任何利润。讲习班其后大受欢迎，笔者坚持开办至今。

大约一年后笔者邂逅 Englemere 公司总裁 John Douglas 先生。Douglas 先生对讲习班已有所耳闻，建议笔者考虑与皇家特许建造学会共同举办。与笔者本人观念一致，Douglas 先生同样毫不在意讲习班营利与否（实际上笔者也从未因此亏损），更现实的问题是连续三个工作日离开岗位参加讲习班对许多人来说难以接受，且经验证明很多学员（其中律师所占比例越来越大）电脑操作水平达不到完成项目分析的水平。其后讲习班被压缩至两天的课程，第一天是关于怎样积极主动进行项目时间管理，第二天则是关于项目延期发生后的回溯分析。

这一培训模式在后来的实践中被证明相当成功，以至于时至今日，全世界各地仍每年举办五期讲习班，每期学员可多达 90 人。讲习班曾先后与 Pickavance 咨询公司和希尔国际集团（于 2006 年收购笔者自己的公司）合作主办；皇家特许建造学会曾先后赞助举办了16 期关于项目时间管理的讲习班，举办地包括英格兰多个城市、中国香港与阿联酋（共三期），澳大利亚的悉尼与爱尔兰都柏林（各两期），比利时布鲁塞尔、澳大利亚墨尔本、珀斯与新加坡（各一期）。

SCL 法案与时间管理增补条款

大约在讲习班开始举办的同一时间，笔者有幸加入了当时正在草创伦敦社会建筑法案的立法委员会，其时委员会也正在拟定一份文件，大力推行对建筑工程工期合理延长的分析计算。2002 年 10 月，伦敦社会建筑法案（SCL）顺利颁布。

根据建筑法案的规定，在建筑工程中，若某事件产生的影响可以通过关键路径法（CPM）的网络图进行分析，则当事件发生之时，其影响就可以立刻得出计算结果，而过去只能靠猜测。这一进步对建筑工程各方都意义非凡，项目风险从此可以在发生之前或发生时便得到主动积极的应对和处理，不像以往总是在风险已造成损失后再由各方互相争论由谁来担责与赔付。

标准的建筑合同里很少涉及时间管理的内容（通常关于成本控

制的条款连篇累牍，而关于时间的最多不超过一条，且并未赋予承包商合理延长工期的权利）。更有甚者，依据某些合同的规定甚至难以进行有效的时间管理。因此，2003 年，笔者与法律专家 Fenwick Elliott 及其律师团队一道，提出了一系列针对 1998 年版本 JCT 合同体系的补充条款，有效提升了项目时间管理的地位。

然而当时的建筑工业界显然并未重视，甚至忽略了 SCL 法案与笔者提出的有关时间管理的合同补充条款的意义。SCL 法案本身更多地被当作纠纷仲裁时谴责对方的法律武器，却甚少有人认真将其应用于时间管理，从源头上避免纠纷的产生。

皇家特许建造学会主席

对当时因为自身得不到建筑界认可而感到失望的笔者一度非常困惑，并仍想努力改变这种项目计划与管理极度混乱的状况；2006 年春，John Douglas 先生与时任 CIOB 主席 Chris Blythe 先生邀请笔者共进午餐。二位先生希望笔者为 CIOB 出更多的力，邀请笔者加入 CIOB 委员会并担任副主席，且不出意外将于 2009 年担任 CIOB 主席一职。

笔者其时再度向二位先生陈述了自己的观点：尽管在过去 30 年间，CIOB 对建筑工程管理非常重视，时间管理的重要性仍在很大程度上被忽视（事实上若缺乏有效的时间管理，成本控制也同样不可能实现）。二位先生最终同意了笔者的观点，并表示若笔者入会的提名通过，CIOB 将对笔者推动建筑行业内项目时间管理机制的工作予以支持。

在 CIOB 内的研究

解决任何问题的第一步都是理解和明确问题所在。笔者加入 CIOB 后的一段时间与同仁研讨了很多当时的建筑项目与技术，2007 年 12 月至 2008 年 1 月，在笔者主导下，CIOB 对建筑界做了一次名为"面向 21 世纪的项目延期风险管理"的调研，意图了解当时建筑界对各种项目监控与时间管理方法的认知程度。

这次调研的初衷是，即使 SCL 法案已颁布，即使一个世纪以来的计算工具已有了长足进步，建筑行业的时间管理水平与一个世纪前柱状图刚发明时几乎没有任何区别。调研内容则是了解当时建筑界的生产水平、所采用的技术以及所能达到的时间管理水平。就笔者所知这是业内所做的第一次调研。

调研的部分内容涉及商业机密，在发去调查问卷的 400 家公司中收到了 73 封回信，只有不到半数是匿名参与。最终调研报告是基于时间跨度共三年的 2000 个不同建筑项目的数据完成的。

CIOB 调研报告结论

调研结果显示,对于简单、低投入和具有重复性的建筑项目而言,传统的、自发的时间管理足以应付,通常项目也能按期完工,而建筑工程越复杂,传统的时间管理方式越显得捉襟见肘,对于现代的大型复杂建筑工程项目,可以预见,缺乏科学有效的时间管理将会导致项目严重滞后于原计划的进度。

研究同样表明当时建筑界对时间管理方面所做的培训和实际应用远未达到当时的技术水平。绝大多数(95%)的受访者认为所受的时间管理培训不足以应对工作需求。

指导

根据这一次调研,笔者得出的结论是,截至 2008 年,英国建筑界的项目时间管理水平如同 20 世纪初的成本管理水平一样落后。当时既缺乏公认的时间管理标准,也没有这方面的专业培训,同样更不会有这一专业技能的资格认证。

而且问题的症结很明显,必须首先为行业确立标准,才能谈到后续的教育、培训与资格认证等工作。

这也是笔者编著本书的重要原因。虽然在当时已有不少关于项目延期回溯分析的专业软件培训、相关教材及实习的流程,但关于如何主动前瞻性地管理项目时间尚无人研究,因此本书可视作世界上第一本专题著作。

本书编委会

笔者创作本书首先希望的是组建编委会和指定一位协调员,最终在 2008 年 9 月,NHBC 集团指派 Mark Russell 先生担任编委会协调员。

笔者尽可能找寻对这一领域感兴趣的专业人士,他们来自世界不同地区,背景也各不相同,因此可以从更多的角度看待这一问题,志愿者邀请函在世界各地的行业杂志广泛刊登,CIOB 网站上还专门开辟了报名页。笔者本人受邀于 2008 年 5 月伦敦建筑行业大会上,就之前完成的调研做了专题报告,2008 年 9 月在新加坡举办的亚洲项目管理大会上也做了同样的报告。笔者趁机向与会人员发出了加入本书编委会的邀请,而来自澳大利亚的 Pat Weaver 先生正是在出席第二次会议后加入了编委会。

编委会的第一项工作是统一大家使用的专业词汇与术语。事实证明这是一项浩大的工程,编委会成员花了近半年时间,最后编成的世界各地建筑行业专业术语对照表已足够一本单独著作。编委会网站上收到了很多对此感兴趣的专业人士的留言,以及不少有价值的建议。笔者说服了一位好友、来自美国项目管理协会（PMI）计划学院的 Earl Glenwright 先生加入了编委会。编委会核心成员就此齐聚一堂，自 2009 年 4 月后，大量的工作在一次又一次的讨论中推进，讨论地点有时在哈里思咨询公司（EC Harris）办公楼，有时在伦敦的希尔国际集团，身在澳大利亚与美国的 Pat 和 Earl 则通过远程方式加入讨论。

编委会通常的流程是，某成员对项目的某一方面有兴趣时，可以书面形式提出自身见解，通过协调员 Mark 发给编委会其他成员；Mark 则负责收集其他成员对此的评注（有时可以直接上编委会网站的讨论版），最后完成的修改版再提交编委会共同讨论。

至 2009 年 7 月，编委会开始着手统筹书稿已完成的各个章节，并交由笔者填补空白与统一全书的行文风格。随着这一工作完成，书中的核心原则与一些基本概念，如项目计划密度，管理策略，项目质保与时间模型等概念同步得到了完善。2009 年 9 月，编委会特意安排了四天时间绘制书中的图表。David Thompson，一位出色的平面艺术家经介绍加入了编委会并参加了几次讨论，最终完成了读者现在所见的图表。

至 2009 年 9 月底，书稿已基本完成并可交由同行审查，[①]笔者在此万分感谢 CIOB 营销沟通部的 Mark 先生与 CIOB 网站主管 Sarah Nexton，正是他们二位与 Robert Clark 一起加班加点，将书稿与调查问卷于第一时间上传到了 CIOB 网站，供人下载与审阅。

2010 年 1 月到来时，同行审查的反馈结果开始汇总。书稿被下载超过 200 次，阅读者提出了大量有价值且内容丰富的建议，编委会也根据这些建议修改了书稿。经过 2010 年 2 月的几次讨论以后，至 3 月底，本书的最终稿终于完成，可以付印。

本书的创作过程虽然漫长，但结果是令人振奋的。编委会与远在澳大利亚的 Pat 和远在美国的 Earl 时常激烈地辩论，书中某些章节经过了反复讨论，修改了一版又一版的草稿才最终达成一致意见。

同时，编委会意识到本书的出版只是一个开端，限于自身水平，本书虽然代表了目前编委会成员所能达到的最高水平，但笔者确信随着越来越多杰出人物关注这一领域，本书的修改与再版将只是时间问题。

时间管理的后续开发阶段主要涉及建立教育培训机制，为在时间管理领域达到一定水准的专业人士签发一些形式的证书。

不仅建筑行业能受惠于此，我们希望本书也能为土木工程，水利，

---

① 欧美学术界著作发表前的必要手续。——译者注

油气，信息技术，造船业等行业提供帮助，因为这些行业也会面临相同的问题。

Keith Pickavance，英国皇家特许建造学会（CIOB）前任主席

2010 年

编委会成员，2009 年 9 月

后排：Paul Kidston, David Tyerman, Gildas André, Mark Russell

前排：Rob Clark, Trevor Drury, Alan Midgley, Keith Pickavance, Tony Ciorra

致　谢

特别感谢：

EC Harris LLP 和 Hill International 公司为我们提供了伦敦办公室；

Saleem Akram: CIOB 工程创新和发展部主管；

Toby Hunt: Hill International 公司高级副总裁，他帮助研究过程管理，外部关系和协调；

Sarah Naxton: CIOB 政策和外部关系，市场联系和网页主管；

David Thompson: 插图设计，

以及所有答复我们咨询文件的人士，但特别感谢以下四位广泛深刻的阅评：

David Stockdale、John Hayward、Murray B Woolf 和 Raf Dua。

第 1 章 引言

1.1 核心原则

1.1.1 本指南是一本关于工期的有效管理，针对应遵循的程序和应达到的标准的实用书籍。本指南不基于任何合同体或采购流程，经修改现有的各种合同形式，去除其中的不一致，可用于任何工程类型和任何合同形式下的管理。

1.1.2 如果缺乏有效的工期管理，就不存在有效的资源管理、成本管理和责任分配。

1.1.3 为了实现有效的工期管理，必须具备：

■ 一份针对可能严重干扰或延迟工作进度的各种风险的详细评估；

■ 一份把被可预见事件严重干扰或延迟的工作序列，分割成平行路径而非连续路径的设计；

■ 一个能测算项目进度或不足的工期模型；

■ 一份在设计、采购和施工阶段，处理突发事件的实用策略。

1.1.4 过去，"程序"一词常常用来描述印有被执行事件步骤和日期的列表，而与复杂工程的工期管理没有联系。

1.1.5 "进度"一词用来描述计算机处理过的活动日期和逻辑关系；其过程是进度安排和调度人员的工作。它是一个能够在可编辑的计算机文件中显示的过程。

1.1.6 计划方案和进度安排是不同的学科。项目计划主要是一门基于经验的艺术，是一个需要各参与方共同努力的团队过程。另一方面，进度安排是一门使用数学计算和逻辑推理预测项目在何时何地项目能被顺利完成的科学。

1.1.7 计划方案必须在进度安排之前。它们不能同时进行，计划方案更不能在进度安排之后。

1.1.8 进度安排必须是一个基于一定标准的、有质量保证的过程，以确保进度本身的完整性，从而能作为一个工期模型。

1.1.9 为确保完整性和技术可行性，进度（包括任何修改和更新）将被独立审核。

1.1.10 工期管理从方案设计时就开始了。如果设计没有考虑时效性，任何采购方案都无法挽救它。

1.1.11 复杂项目的工期管理必须包含对以下各要素的管理：设计、生产、采购、分包和独立承包商合同、信息流、质量控制、安全管理，以及各关键日期、分段竣工日期和多项目的完成。

1.1.12 在初始阶段，就要进行工期风险评估，并且在工程的全寿命周期持续更新。

1.1.13 针对业主，设计方和承包商风险的应急工期，必须包含在有效工期控制的方案内。

1.1.14 本指南区分了开发进度和施工进度；前者是在承包商任命前准备的，后者和施工有关。

1.1.15 开发进度的准备过程，其强度或细致程度不可能始终不变。随着项目信息量的增加，开发进度的准备必定逐渐加强；并且，由于信息的完善和更加准确，它需要被定期检查和修改。

1.1.16 施工进度的准备必须按照开发进度，随着信息量的增加而加强。由于信息的完善和更加准确，它也需要被定期检查和修改。

1.1.17 咨询顾问、专业承包商和分包商的进度，用同一个软件准备，同时，开发进度和施工进度与之整合。

1.1.18 进度监控技术，以对比静态基准线数据为基础，已经限制了有效工期管理在复杂项目中的数值（项目中的工作内容、资源和工作序列必定随时间而变化）。

1.1.19 安排短期工作的进度时，必须根据可提供的资源和各工种的生产力系数。本指南不允许进度计划缺乏高密度的短期部分，或未根据资源计算短期部分。

1.1.20 因为进度数据被输入时，只会参照充分完备的进度表；所以，竣工记录能为将来的标杆管理提供数据标准和生产力反馈，从而提高短期进度计划的可预测性和可靠性。

1.1.21 进度记录会被存储在一个数据库中，该数据库能提供即时存储和竣工数据检索，以备在各种重复的工作循环中检测生产力评估的可靠性。

1.1.22 用同一个数据库管理质量控制和信息流，维护各种进度记录。

1.1.23 有效的工期管理必须包括对延迟事件后果的管理。

1.1.24 干涉事件将在一开始就受到影响，并按 SCL Protoco[1] 的建议发展。干涉事件的可能后果将被计算出。

1.1.25 对"公平合理的工期延长"和延误费用申诉的估计值，不做指导。

---

1 建筑法学会，Delay and Disruption Protocol（2002）.

1.1.26　以书面的形式，通过定期更新的施工方案确定工期管理方案；从而针对以下内容，在其他事件中，处理指出方案和各种假设：

- 项目规划
- 风险管理
- 进度安排
- 进度检查和修改
- 进度更新
- 记录保存
- 质量控制
- 通信

1.2　宗旨

1.2.1　本指南的主要目的是建立一系列必要的标准，促进施工项目中有效的时间管理。

1.2.2　本指南定义了一系列标准，用以在实际操作中，准备项目进度、质量控制、更新，预览和修改。

1.2.3　本指南描述了一系列项目管理者所需的绩效标准，还建立了针对项目管理者的教学基础。

1.2.4　此外，本指南还能被进一步改造成一份有关进度管理的参考文件，其运用更加广泛。

1.3　指南的起源

1.3.1　在 21 世纪，为了更高效的合作，为了长期保证业内客户的需求，以及为了持续交付成功的项目，持续的追求卓越是工程管理的关键。

1.3.2　为了检验有关时间管理的行业状态，CIOB 在 2007 年 12 月 ~ 2008 年 1 月期间执行了一次针对行业知识和经验的调查，调查内容包括：项目控制和时间管理的不同方法、记录保存、监控和培训。[2] 调查结果表明，调查对象的经验与时间管理的行业规范存在很大的偏差。

1.3.3　基于该研究结果的启发，并为了减少延期工程的发生率，CIOB 起草了本指南，倡议对工程管理追求卓越的鼓励，增强整个行

---

2. 见：Managing the Risk of Delayed Completion in the 21st Century, 2008, Chartered Institute of Building（下载地址 http://www. ciob.org.uk/filegrab/TM_report_full_web.pdf?ref=880 [accessed 14 August 2010]))。

业对工程计划重要性的意识；其中，特别针对了复杂大型项目的时间管理。

1.4 指南的目的

1.4.1 有关时间管理专业的培训、教育和技能的发展，均远落后于现行的科技手段。然而，开发复杂大型项目的趋势依然存在，如果这类项目的合同无法按照高质量的时间管理和项目管理有效地执行，工作任务将会越来越繁重。

1.4.2 显而易见，自从20世纪80年代以来，建筑工程行业经历了以下变化：

- 设计与施工模式，保证最大工程费用模式、工程总承包模式，以及其他合同模式，这些都要求承包商承担比传统合同模式更多的风险；
- 专门成立股份有限公司作为特定项目的开发商，这些公司只能得到有限的额外资金，并在设定的目的完成后被清算；
- 在更短的期限和更紧张的资金限制下，采用更加技术复杂的解决方案。

1.4.3 所以，本指南的目的是制定必要的策略和标准，以促进在复杂项目中有效的时间管理。

1.4.4 本指南不适用于工程风险、价值或其他专业管理。

1.4.5 自从20世纪60年代早期以来，已经有人通过使用计算机的时间模型建立了一套体系，从而在技术上客观地管理由工程变更和其他突发事件导致的结果。然而，直到20世纪的最后几年，必要的计算机能力和软件才广泛出现；在一般情况下，用于项目交付的客观测量。

1.4.6 硬件、软件和通信服务在20世纪最后10年的飞速发展，致使21世纪任何业务的有效开展，都离不开计算机和其他电子设备的应用。

1.4.7 显而易见，在本指南的起草阶段，建筑工程行业正在集中使用那些资源，用于设计、制造、采购、组装、融资，以及时间管理以外的几乎每一个领域。CIOB的研究表明，人们通常凭直观感觉来追求时间管理，并仅仅把进度计划用作报告失误的参照目标。

1.4.8 众所周知，尽管经验丰富的工程管理人员能凭直观感觉完成小型简单的项目，但对于大型复杂项目却行不通。仅仅通过直观感觉，尝试对这类复杂项目进行时间管理注定会失败；因为有太多间接的可能性，仅凭直觉无法全面顾及。因此，针对变动时间范围中的事件多样性，需要一种更科学的方法来评估直接和间接变更导致的后果，以及其他介入事件产生的影响。

1.4.9　虽然本指南主要针对大型复杂项目的要求；但在特定情况下，如果业主、承包商或咨询顾问需要，指南中的建议依然可适用于小型简单的项目。另一方面，对于大型复杂项目，仅凭直观感觉无法有效地进行时间管理。

1.5　指南的适用范围

1.5.1　我们既可以用兼容的方式又可以用排他的方式来定义什么是复杂大型项目。某一个特定的项目属于简单项目还是复杂项目，主要取决于如何理解涉及项目的事物。另一方面，CIOB 研究的经验和结果表明，以下分类可能有助于人们区分项目。

1.5.2　简单项目

1.5.2.1　简单项目必须包含以下全部特征：

■　设计工作在施工前完成

■　整个项目只包含一栋建筑（或重复的相同建筑）

■　建筑物层高小于 5 层

■　不包含地下建筑

■　整个项目完工于一个竣工日期

■　无分阶段交付

■　设施只有单电压功率、照明、电话、冷热水和取暖

■　总工期少于 9 个月

■　只有一个承包商

■　少于 10 个分包商

1.5.3　复杂项目

1.5.3.1　复杂项目包含以下任何一项或多项特征：

■　设计工作在施工阶段完成

■　整个项目包含多栋建筑（一栋以上）

■　建筑物层高超过 5 层

■　包含地下建筑

■　完工于多个关键日期或分段竣工日期

■　分阶段交付

■　短暂交付

■　设施包含多电压功率、照明、电话、冷热水和取暖

■　土木工程性质的工作伴随着施工阶段

■　总工期超过 12 个月

■　施工阶段有多个承包商

■　超过 20 个分包商

1.6 计划与进度安排

1.6.1 尽管项目计划和进度安排属于相关学科，但它们两者是不一样的。

1.6.2 理论上，项目计划是一种团队操作；制定项目发展规划的过程涉及项目管理团队、成本控制团队、设计团队和项目策划人。计划的基本面需要一种类似设计的概念方式。计划还需要经验、词汇、交流和想象，计划的最高境界是为项目施工提供组织策略的方案。

1.6.3 项目计划涉及的决策需要考虑以下方面：
- 为调控而分解施工过程的总方案；
- 如何管理调控；
- 用什么方法设计、采购和施工；
- 分包和采购的方案；
- 项目各参与方的相互联系；
- 操作区域和各区域间的联系；
- 从成本和工期考虑如何优化项目方案的功效；
- 风险控制和机会管理。

1.6.4 另一方面，进度安排是艺术和科学的结合，涉及如何解读项目计划的影响，并查明其他事件和序列的起止时间。进度安排一般通过计算机软件来展现，这类软件能够快速高效地处理项目计划的数据，以便进行时间管理和风险控制。实际上，项目的进度计划表能指导项目管理者分配时间，协助业主控制风险，并可以作为合同管理者的计算工具。

1.6.5 项目的进度安排是一门将项目计划阶段所做出的决策整理成数据库形式的艺术和科学：
- 使得调度员能够按照逻辑的顺序，将合同日历时间分配到项目的不同阶段；
- 分配应急时间；
- 针对首选的顺序做出决策；
- 计算与可利用资源有关的浮动时间；
- 作为一种过程管理工具，以承包商、业主和合同执行人能接受的形式展现项目规划。

1.6.6 在将项目计划转化成进度安排（基于一个能对项目变更做出动态调整的框架，以促进项目全寿命周期的时间管理）的过程中，进度管理者需要决定：
- 各个事件的持续时间；
- 谁来执行该事件；
- 事件需要的资源；

■　为各个事件建立顺序序列的方法。

1.6.7　在试图为某项工作设计进度安排的同时还在计划这项工作如何实施，这是不明智的做法。在开始设计建筑的同时准备施工图纸和其他产品信息是可行的，同样，在实施项目计划的同时做进度安排也是可行的；但是，无论哪类情况，这种同时操作的方式既不可能做出令人满意的设计和一致的产品信息，也不可能做出令人满意的项目计划方案和有效的进度安排。

1.6.8　因此，本指南推荐先实施项目计划，再根据已经确定的项目计划和计划方法申明实施进度安排。

1.6.9　实质上，前计划步骤需要包括：
■　熟悉
■　纲要计划
■　战略计划
■　详细计划和计划方法申明

1.6.10　只有当项目计划已经完成了，进度安排的过程才开始。

1.6.11　项目的进度安排对于时间管理而言，重要性不言而喻。如果没有一个能应对工程变更的动态时间模型，除非凭直觉，人们将无法预测工序的执行时间，也无法评估工序的临界状态、对后道工序的影响和资源。

1.7　项目进度管理专员

1.7.1　项目进度管理专员的工作是设计和维护从整体层面到微观层面的进程方案，并管理从工程项目开始到结束的实际和有效的时间控制。

1.7.2　为了控制更新进度的公正性，进度管理专员必须能够建议和管理进程记录的制作和检索；为了通知项目和施工管理团队，进度管理专员必须能够为已完成的工序制作完工进度表，以及准备全过程进度表和相关的数据；目的是报告整个项目阶段的进程。

1.7.3　除了在起始阶段制作进度表，进度管理专员还参与起草、编辑、审核、修改和更新进度表。为了依据更准确的信息审核并修正工程进度表，进度管理专员需要能够建议和管理对项目计划方法申明的起草、修订和编辑。

1.7.4　当发生工程变更时，进度管理专员必须能够在第一时间识别延误的影响，以及对原计划序列中其他相关事件的干扰；并向项目规划人和项目管理团队的其他成员就有关可行的复原方案的潜在影响提供建议。

1.8 项目控制

1.8.1 项目控制是一门科学：首先依据当前的状态和信息，定期识别可能的工序完工、关键日期、阶段完工日期或竣工日期；然后，如果发现未按照要求执行，再依据可获得的信息，对后续工作的执行调整策略和进度，以便达到要求。

1.8.2 所以，进度表会被用来定期识别以下目的：

- 事件的周期、工作的序列，以及与其他合同附件相关的联系；
- 在信息发布进度表、信息请求进度表或任何其他信息请求中所描述的信息提供的，并与这些信息所决定的事件有关的日期和逻辑；
- 设备、材料或货物提供的，以及由业主、参与人员，或被他们雇佣的人员所执行的工作，并与其所决定的事件有关的日期和逻辑；
- 承包商、分包商或供应商需要的，与任何事件、事件序列、关键日期，或合同规定的阶段完工日期和竣工日期有关的任何应急时间；
- 业主、直接雇佣的承包商或咨询顾问需要的，与任何事件、事件序列、关键日期，或合同规定的阶段完工日期和竣工日期有关的任何应急时间；
- 承包商或业主可利用的，用来定期管理工作重新排序和资源重新调度的自由浮动时间和总浮动时间；
- 所有事件实际完成经过的程度；
- 由工程变更或其他突发事件引起的，与序列完成、关键日期或合同规定的阶段完工日期和竣工日期的进程延误有关的潜在和实际影响；
- 任何计划的加速，或与工序、关键日期、或合同规定的阶段完工日期和竣工日期有关的修复方案的潜在影响。

第2章 策略

2.1 计划

2.1.1 一个有效的时间管理策略将承认时间会以规律和持续的速率耗尽，从开工到竣工，而无论其是否被有效或无效利用。所以，一个有效的计划策略将展现所有情况下的最有效的时间利用。

2.1.2 大型的项目在设计之前必定经历了很长的构思阶段，在施工之前必定经历了很长的设计阶段，在施工开始后必定经历了很长的使用阶段。

2.1.3 如果项目越庞大越复杂，工期跨度（从开工到竣工）就会越大，就越需要考虑未来有可能发生的工程变更和其他突发事件。

2.1.4 计划策略能促进有效管理变化的主旨、工作内容、工序、资源和其他介入事件，所以它是大型项目有效时间管理的先决条件。

2.1.5 最有效的时间管理策略开始于项目的设计阶段。同样，从一定程度上讲，对于每个项目都有可能确定一种完成相同质量下的有成本效益的方式，所以项目就能被设计成有时间效益的，而不需要牺牲出材率成本或质量。

2.1.6 如果在项目设计阶段没有包含对时间管理的考虑，那么在施工阶段对工程变更和其他阻碍事件的有效管理的机会就有可能受到限制。

2.1.7 为了实现最有效的时间管理策略，业主、设计团队、承包商和分包商都将有机会为他们所关注的项目部分的有效计划做出贡献。

2.1.8 可以预见，一个潜在风险的发生将会严重延误工序，而一个有时间效益的计划策略会考虑到这种风险发生的可能性。

2.1.9 作为计划方法申明的发展的一部分，计划策略将在进度安排开始前被审核并被清楚地表述。

2.1.10 根据意外事件的发生，计划策略被定期审核与修订。

2.2 准备进度表

2.2.1 进度表的首要目的是指示工作在未来被执行的时间。准备有效进度表的策略必定是预报待执行工作的预定时间和顺序。换句话说，它必须显示工作如何被计划实施，并且是一个针对未来工作实施的预测性的实用模型。

2.2.2 一个有力有效的进度表的准备必定基于一个合理的、有时效的计划策略，并且必定在计划方法申明生效后执行。

2.2.3 进度表的目标、结构和布局应该在进度安排开始之前设计。进度表的内容会随着项目设计和施工的发展而改变。所以，进度表将被设计成能调解主旨、内容、方法和数据来源的变化，且不影响进度表和其他有关时间的信息之间的透明度。

2.2.4 因为工作的内容和时间在一段期间内不太可能始终保持不变，所以进度表必须被设计成能够调解各种变化，而且必须能预测任何变化的后果。

2.2.5 在进度表数据和设计方法申明之间，必须存在一个有效的审核线索，以鉴定如此设计的原因。

2.3 进度审核

2.3.1 随着整个项目的发展，可行的选项会变化；因为对标准重要性的理解会推动决策过程。例如，尽管在招标阶段可能有办法合计成本或确定时间分配；但对于大型复杂项目，在招标阶段不太可能得到所有实际执行工作的全部细节，甚至很多细节需要在施工阶段才能被设计或决定。

2.3.2 因此，从对有效时间管理的贡献来看，在任何时候无论做出什么选择或决定，其作用不如其所依赖的信息大。由此断定，如果在做决定的时候，所依赖的信息不完全且不清楚，尽管选项是明确的，根据以后更完善的信息，我们还是会发现曾经记录的决定有问题。

2.3.3 进度审核的策略必须考虑到进度表的发展，因为随着项目的执行会出现更好的信息；并且从立项开始，经过现场施工，到最终交付，进度表的集中度逐渐增加。

2.3.4 无论合同是否批准进度修正，进度管理专员必须确保进度修正不会构成或导致：

- 非法操作；
- 违反合同；
- 在施工过程中危害健康或安全；
- 永久性工程的危害安全或稳定性；
- 不利于有效时间控制的方法或工作序列；
- 虚假陈述或不道德行为。

2.3.5 任何对进度修正的正面控制应该促进安全、履约、遵纪守法以及有效的时间控制。

2.3.6 至于因为某个原因必须要提交进度修正，一旦确定了修正计划就立即提交。

2.3.7 提交的建议修正申请将被立即商议；要么批准（如果批准，被修正的进度将成为项目未来的工作进度），要么否决。否决的条件仅限以上列出的内容；针对这些内容，还需提供否决的详细原因。

2.4 进度更新

2.4.1 进度更新的原因是显示已完成进度对时间的影响，以及依然待执行的工作序列。因为未来工作的序列和时间必然取决于进度完成的程度和有效的资源，所以对于有效时间管理而言，定期更新进度是必要的。

2.4.2 进度更新的合理时间间隔应该与报告周期一致，且不超过报告周期。

2.4.3 每一个进度更新将会确定记录工作进度的状态日期或者"当前时间"。所有开始的工作将显示数据日期左侧的开始日期，所有在未来将被完成的工作必须显示在右侧。不能使用其他方案显示时间和工序的进度影响。

2.4.4 如果任何事件没有按照工序开始或结束，进度和计划方法声明的逻辑必须被修改，以显示实际参照的逻辑和变更的原因。

2.5 变更管理

2.5.1 凡是不在计划中的，对进度会有正面和负面影响的事件都是变更。

2.5.2 变更风险管理要求，尽早识别从开始到竣工之间会影响进度的各种风险，并用一种明智的策略来应对风险发生的可能。

2.5.3 因此，一个有关既定计划策略的、有效的延误风险管理策略，应该考虑到以下问题：

- 什么会出错？
- 出错发生的可能性有多少？
- 什么时候可能发生？
- 可能会对关键日期或竣工日期有间接影响吗？
- 能否重新审视计划策略，以避免风险发生的可能性？
- 如果风险已经发生，能否重新审视计划策略，以避免对竣工产生冲击效应的进一步风险？
- 是否需要应急处理时间，或者应急调整？

■ 如果不需要，风险被迎合的可能性如何？

2.5.4 项目风险的登记将实现识别那些被合理预见为有可能影响进度的有用目的，并确定能够减小那些影响竣工的风险发生的措施。

2.5.5 一旦总体的风险登记建立完成，必须定期审查以防止新兴的风险；必要时，通过重新评估优先次序和可预见的风险进行修正，从设计、招标、施工开始，包括服务的指派和雇主采购，一直到项目测试、服役和占有。

2.5.6 不可能存在一个有时间效益的计划策略，除非那些有可能影响未来工作执行的风险被允许发生；但是，如果不对未来工作的执行做计划策略，就不可能合理地评估那些可能影响未来工作执行的风险。由此断定，有效的延误风险管理策略的发展与有时间效益的计划策略是相关的。

2.5.7 关于那些不可能被完全避免的风险，变更风险管理策略的目的必然是经济有效地促进损失时间的恢复。通常要达到这个目的，需要战略的确定应急时间，以缓冲在关键区域中可预见的导致进度延误的风险。

2.5.8 在每个项目的初始阶段，有许多备选的工作序列可以执行。但是随着项目执行，选择的余地逐渐减少，并且通常没有项目能在后期依然存在很多机会以供重新排列工作序列。

2.5.9 图1是一个典型的延误风险图，它描述了有关离散事件开始或结束延误的风险，以及处理其影响的机会和成本增长。

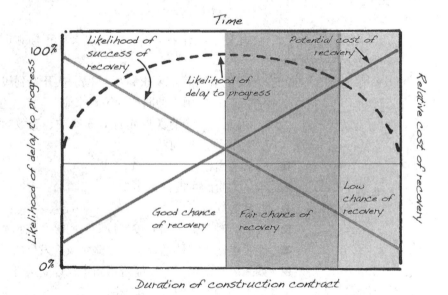

图1 进度的延误风险

2.5.10　但是很明显，无论管理多么完善，不可能完全消除所有风险发生的可能性，并且不可能替代变更风险管理策略；变更风险管理策略能够应对那些有可能发展成干扰事件的风险。通常，但也要取决于合同和项目，那些被考虑的风险应该列在附录 1 中。

2.5.11　纵观整个项目，当一个或多个预计的风险发展成干扰事件时，时间的转移几乎肯定会发生。对于大型复杂项目，如果认为干扰事件不会发生；或者假设发生了，却能轻易地处理其对进度的影响（后果），那必定会出大错。

2.5.12　如果某个干扰事件占用了合同原定义务的时间或资源，记录必须识别该干扰事件和其后续工作。

2.5.13　与干扰事件有关的工作内容、时间和工序，将被尽可能早地预计并添加到进度表中；一旦产生实际准确的信息，进度表将被更新。

2.6　计划方法声明

2.6.1　咨询和有效沟通，是有用和有效的进度表、计划方法申明，以及定义如何执行管理项目的策略的先决条件。在初始阶段，项目策划人会在其他人的帮助与合作下起草一份合适的计划方法声明。那些参与人取决于项目的性质，但一般包括：

- 业主
- 设计团队
- 风控经理
- 项目经理
- 施工经理
- 进度管理专员
- 健康安全计划经理

2.6.2　随着计划方法声明的密度提高，其他参与方也将增加，例如：

- 其他直接雇佣承包商
- 设施、法定公用事业承办者和第三方项目
- 专业设计分包商
- 贸易打包承包商
- 本地分包商
- 专业供应商

2.6.3　计划方法声明的目的在于促进各参与方之间的理解与合作。它明确了达成共识的限制条件，以及在风险管理、计划、进度安排、进度审核与更新、限制和选择的基础原因中的假设条件。

2.6.4 因为计划方法声明不受那些基于计划方法声明工作的人的约束，所以计划方法声明应该设计成供不受项目约束的人使用，这点十分重要。

2.6.5 计划方法声明的内容会随着项目发展而变化，且必须被设计成能适应主题、内容和来源的变化，而不影响计划方法声明和其他有关时间信息之间的透明度。

2.6.6 任何对计划方法声明内在假设做出的修改，需要被清晰、准确、仔细地记录。

2.7 记录

2.7.1 记录的目的在于为实施的工作提供审查索引。

2.7.2 有效和有用的记录十分重要，因为它们是：
- 进度更新所依赖的现实证据；
- 设计工作所使用的生产力系数的证明；
- 项目未来生产力假设的现实基础；
- 证明原因和结果的基础。

2.7.3 有效的记录能被轻易地理解、获取、分类、筛选和报告。因此，它们应该以数据库存档的形式被电子记录。

2.7.4 在进度表数据和基于现实资源实际完成工作的记录之间，必须存在一个有效的审核索引。

2.7.5 除了在极度特殊的情况下，记录应该被定期制作和维护。根据项目、工作种类、记录种类，可以是每月一次，每周一次，每天一次，或每小时一次。

2.7.6 需要确定一种方法，以排除矛盾的数据，但接受一致的数据。

2.8 时间管理的质量控制

2.8.1 质量控制的目的在于确保本指南建议的方法被正确执行，以及充分记录任何与建议方法的偏离：
- 偏离的原因；
- 合同各方对偏离的接受；
- 对偏离可能后果的识别。

2.8.2 从合同的角度，可能需要一种有效的质量控制过程，不依赖任何合同第三方的审核。这种质量控制过程被专门设计用来审核进度、计划方法声明、进度修正、进度更新以及记录保存的过程。

2.9　沟通

2.9.1　有效的沟通要求所有参与方都拥有一套共同的数据组，以最及时和有效的方式管理被识别的意外风险，并考虑对未来工作的补救措施。这要求所有参与方都共享：

- ■ 项目范围和目标；
- ■ 解释项目策划的计划方法声明；
- ■ 进度；
- ■ 同期进度记录；
- ■ 风险登记。

2.9.2　业主、承包商、咨询顾问和其他合同规定的工作负责人，对有关工作序列和工作时间相同信息的访问权限应该相等。

2.9.3　所有涉及时间的信息和数据，将被电子制作和访问。

2.9.4　必须有一个共同的命名方式来链接不同数据库和文件之间的同类信息（例如项目进度软件使用的事件 ID）。

第3章 研制时间模型

3.1 引言

3.1.1 任何项目都有许多参与方，就确保工作时间被有效管理而言，他们有着合法的利益。通常包括：
- 项目融资方
- 业主
- 承包商
- 分包商
- 供应商
- 设计咨询顾问
- 项目经理
- 合同管理人

3.1.2 时间模型的目的在于为计划工作的实施指明未来的时间和工序，从而有效地预测、沟通和管理既定的工作、变更的影响或计划的偏离。

3.1.3 因为，在任何时间点，时间模型对未来预测的准确度只能被当时的认识所限；所以时间模型必须能根据信息和情况的变化而被改进。

3.1.4 为了促进有效的时间管理，时间管理模型应该按以下方式构建，以区分预测的不同工作：
- 远期概述；
- 中期略详细但依然缺失某些信息；
- 短期内实施工作所使用的工序和资源尽可能精确。

3.2 制作进度表

3.2.1 尽管每个项目都有其特有的决定特征，以下考虑因素列表确定了那些通常应该在设计进度表时考虑的一般事物：

■ 竣工时间	■ 进入、外出和占有
■ 分段和关键完工日期	■ 信息发布日期
■ 未指明的里程碑事件	■ 交付和批准

■ 采购策划	■ 工程量清单
■ 采购进度	■ 当地法规
■ 材料到达和储存	■ 环境条件
■ 临时工作	■ 健康与安全
■ 临时交通安排	■ 噪声限制
■ 工作日和假日	■ 劳动力和设备资源
■ 设计责任	■ 物流
■ 设计的复杂性	■ 施工理念
■ 毗邻业主	■ 施工方法
■ 风险分摊	■ 施工顺序
■ 分包商和供应商	■ 进度要求
■ 独立分包商	■ 更新要求
■ 业主的承包商	■ 通知要求
■ 业主的货物和材料	■ 报告要求
■ 指定的分包商	■ 终端用户要求
■ 设施和特许事业	■ 检测与调试
■ 第三方问题	■ 附件装置与家居用品
■ 执照和许可证	■ 分期占有
■ 暂定金额和主要成本	■ 占有和移交
■ 规范	■ 部分占有

3.3　进度类型

3.3.1　理论上，对于可制作的进度类型的数量没有限制；并且根据以往的经验，有一种易于理解的趋势，那就是为每一个不同目的设计一套全新的特定的进度。但是，应该避免这种方式。

3.3.2　通常，应该不超过五种进度。区分进度类型的要素是那些制作的参与方。建立进度的每一个目的应该由组织来满足，并筛选当时相关的进度类型。进度类型是：

■ 开发
■ 投标
■ 施工
■ 占有调试
■ 竣工

3.3.3　开发进度表

■ 该进度表由业主和咨询顾问在承包商参与前制作。它的重点是由业主执行的导向合同的工作，并支持后续的承包商；包括设计工作和为合同执行取得必要的批准手续。承包商的工作应该以适当的详细水平被列入；关于密度，该进度表应该与其他进度表一样遵循相同的规则（例如，在项目刚开始时，预期的现场工作施工阶段应该以低密度形式，由单一条形来表示；但是，随着方案设计的发展，许多预期的施工过程会以中密度的形式来标识）。

3.3.4　投标进度表

■ 这是承包商制作的第一个进度表。它包含了设计团队需要的任何信息（从开发进度表转移过来），并以低密度和中密度混合的形式阐述承包商计划完成的内容和时间。

3.3.5　施工进度表

■ 这是投标进度表的改进版本，用来计划和开展从开工到竣工的现场工作。它必须以高密度的形式显示现场施工前的项目头三个月。

3.3.6　占有调试进度表

■ 这是业主的关于如何占有和使用建筑的进度表。它包含了占有、装备、调试、检测、进入和培训的具体细节。该进度表通常由业主或咨询顾问根据施工进度表准备，并根据施工过程中的变更进行审核与改进。

3.3.7　竣工进度表

■ 这是最后的进度表。随着时间的开始、发展和结束，随着工作的执行，该进度表的发展贯穿整个项目。最后一次更新的完成使竣工进度表成为工序的高密度记录，包含项目的实际施工、资源的实际使用，以及生产力的实际完成。

3.3.8　同样，承包商的投标进度表被认为由开发进度表派生而来，所以分包商的投标进度表也是源于开发进度表或承包商的施工进度表；这取决于投标的时间。在分包商得到批准以后，分包商的投标进度表应得到发展并整合进施工进度表。

3.4　进度安排方法

3.4.1　可利用的进度安排方法的范围和它们在有效时间模型中的应用，很大程度上取决于项目的复杂程度和性质，以及所需的报告密度。

3.4.2　然而，除非计划的事件序列被监控以反映实际进度，并且干扰事件的影响得到控制；否则，有效的时间管理不可能实现。如果计划的进度表是基于简单的事件条形图，这就不可能被有效管理。因此，有效的进度表和项目控制建立在一个逻辑联系的事件网络基础上。

3.4.3　无论使用哪种进度安排方法，必须预期到变更将会发生在项目过程中，以及调整和修复将会反映在时间模型中。

3.4.4　有各种方式能表现进度安排方法，以下是部分方式：

- 条形图
- 平衡线图
- 时间链网图
- 箭线图方法
- 前导图
- 链接的条形图

3.4.5　条形图

3.4.5.1　条形图没有逻辑关系。它们适用于高等级、低密度报告中的说明，但对于大型复杂项目中的时间管理没有价值。

3.4.6　平衡线图

3.4.6.1　平衡线图（图2）被广泛地应用于通过多样性区域描述资源的逐步发展，它是理解资源逻辑和关键链管理内在原理的有效方法。平衡线方法被证明对线性项目（例如，铁路、公路、管道项目）的管理十分有效。对于重复的模块化的项目（例如，多层建筑的结构楼板），它在规划和资源调度中发挥了重要作用。

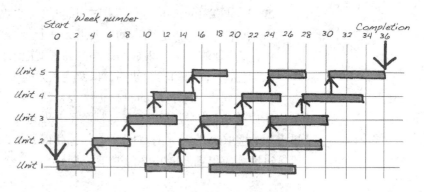

图2　典型的平衡线图

3.4.7　时间链网图

3.4.7.1　时间链网图被广泛地应用于线性项目的联系，提供每一个工作区域的时间和位置的图形指示（例如，公路、铁路、隧道和管道施工），见图3。对于复杂建筑项目的施工，时间链网图的作用十分有限。

3.4.7.2　由于时间链网图的复杂特点，各项工作和工作区域会包含在单一图表中，导致最终的显示结果十分混乱且难于理解。

3.4.8 箭线图方法

3.4.8.1 这是最初的关键线路网络方法。在个人电脑的进度管理软件出现之前，普遍靠手工绘制箭线来制作事件进度网络图；其中，事件由箭线表示，事件之间的逻辑交界面由节点表示，见图 4。为了减少网络图的实际尺寸，事件描述起初储存在一个独立的文件里。

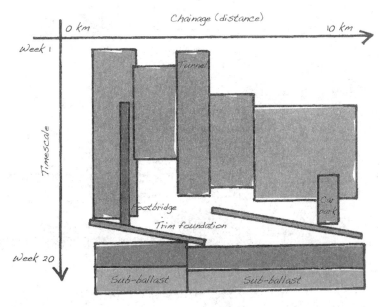

图 3 典型的时间链网图

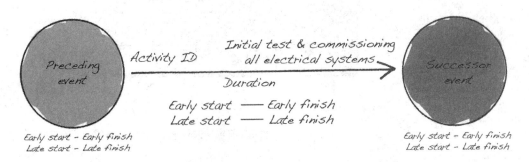

图 4 典型的事件图表示节点与事件的关系

3.4.8.2 图 5 提供了一个用箭线图方法标示网络图中事件的例子。

3.4.8.3 图 5 中，"dummy（虚拟）"表示在事件 C 结束和事件 B 开始之间的从属关系；本身不代表任何工作事件。领先和滞后必须也采用这种相似的方法。

3.4.8.4 箭线方法网络图不如前导方法网络图容易操作。

3.4.9 前导图方法

3.4.9.1 这是大部分现代进度管理软件包所采用的进度管理方法。这种方法是用一个包含事件信息的节点来表示事件，用箭线来表示事件之间的逻辑交界面。图 6 举例说明了一个典型的前导图方法节点。

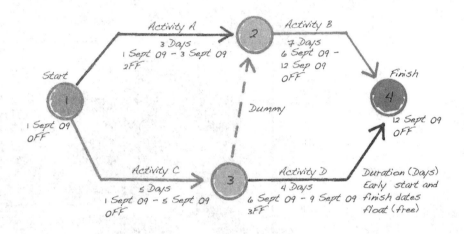

图5 四个事件的箭线方法网络图

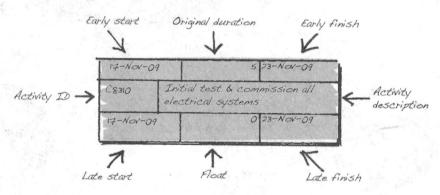

图6 前导图方法节点

3.4.9.2 在图 6 中，事件由事件描述和事件 ID 确定；日期由日历日期表示，持续时间和浮动时间由周、日、小时为单位表示。

3.4.9.3 当把节点连接起来，一个简单的前导图就像图 7 一样。

3.4.10 链接的条形图

3.4.10.1 这是大部分现代进度管理软件包提供的又一种进度管理方法。这种方法根据时间比例将节点绘制成条形图，条形图的长度与持续时间是等比的，在图的顶部或底部有一张日历表列有事件的开始和结束日期。事件的相关信息包含在事件条形图左侧的数据列里，并与其保持一致。事件之间的逻辑相关性由箭线表示，确定交界面。图 8 是一个典型的链接条形图，使用与图 7 前导方法图一样的数据。

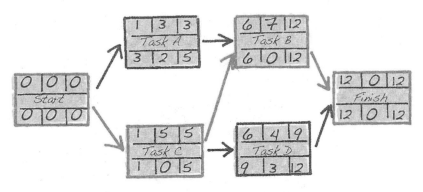

图 7　四个事件的前导方法网络图

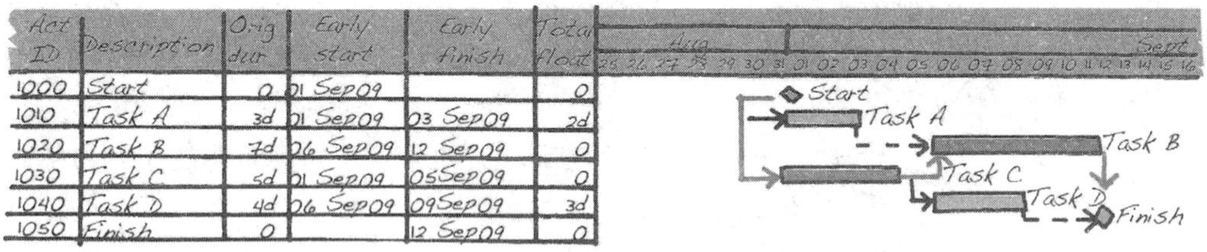

图 8　简单的链接条形网络图

3.4.10.2　对于大部分目的，由于链接条形图在报告内容中的无限灵活性，以及容易被解读，因此成为项目报告选用的网络图描述方法。但是，作为一种进度管理方法，它有以下不足：

- ▨　链接条形网络图的建立将鼓励用户更多地依赖清单和日期，而不是以逻辑和工作序列的角度思考；
- ▨　持续时间（由条形图表示）将导致用户把条形图看作是可以随意控制的绘图，而不是让软件来计算工序和日期；
- ▨　如果要增加或删除事件以改变逻辑，或者改变已有事件的逻辑和工序，链接条形图方法比其他进度管理方法更加困难。

3.5　资源计划与进度安排

3.5.1　资源计划

3.5.1.1　资源包括劳动力、设备、资金和材料。空间和时间也可看作是资源。在计划不同类型的工作时，其中的一些资源会比另一些更重要；对于大部分建筑项目而言，劳动力几乎是所有工作的最主要变量；但对于诸如土方工程而言，机械设备的种类和数量，以及加工厂的生产能力将会更加相关。

3.5.1.2 如果仅仅根据生产力和资源，在低密度和中密度时，常常没有足够的信息精确计算工期。在中低密度的情况下，事件往往包含各种资源的混合，因此必须要有其他预算方法。例如，参考过去的项目、经验、标准产量等，在中低密度条件下的预算是合适的。

3.5.1.3 在高密度条件下，事件的预计工期是一个有关工作量、生产力系数和部署的资源数量的函数，公式如下：

$$工期 = \frac{工作量}{（生产力系数 \times 资源量）}$$

3.5.1.4 资源的生产力系数根据工作采用的人员数量而不同，但是人员数量和生产力的关系非线性。在最佳条件以下减少资源或者在最佳条件以上增加资源，都会导致低效。效率的损失需要用空间、成本、时间以及物流来抵消，以确定合适的工作人员数量、生产力系数以及工期。

3.5.1.5 如下，有许多方式可以确定某一特定资源的生产力系数：
- 公布的产出率
- 其他项目的历史数据
- 专家意见
- 个人经验
- 行业标准

3.5.1.6 向进度表分配资源使低密度条件下采用的工期估算生效。此外，已分配资源的进度表将允许：
- 对施工班组或工艺的工作流程理解。一个稳定的工作流程能实现最有效的计划；
- 向其他有关各方（内部或外部）再次确认时间模型的实用性；
- 对任何有难度的资源需求的理解，例如，高峰需求，或缺乏施工班组或工艺的连续性。

3.5.2 资源进度安排

3.5.2.1 资源进度安排是一个费时的工作，如果缺少所有相关工作人员的参与，就无法完成。但是，为了展现一张合理有效的高密度工作进度表，必须对工作进行资源进度安排。

3.5.2.2 资源进度安排并非一门仅仅为了计算工期而给关键线路网络添加资源的技术，也不同于箭线图法 / 前导图法逻辑网络图所实施的资源平衡配置。

3.5.2.3 尽管对于建筑工程，现场施工通常按照分散区域的短期事件来开展，这在很大程度上取决于关键线路（所以也就取决于关键线路网络）；但是大型复杂项目的时间模型常常会包括许多其他工程项目，其中一些会有土木工程或者机械工程的性质，而且未必会受相同类型的时间管理支配。

3.5.2.4 例如，对于主要的土地平整，或者挖方填方，工作可能会持续很长时期，并且有效地按照一定的工序（先挖方后填方），但不需要从头至尾的操作始终都按照一个严格的顺序。

3.5.2.5 通常，在时间链网图中能有效地设计出线性条件下工作的实施位置。尽管在某种程度上这些图可能有逻辑联系，因为它们是被绘画出的而不是通过数据库计算出的，但是它们一般不发挥时间模型的功能，而且通常必须使用其他方法管理时间和预测变更的后果。

3.5.2.6 如果事件能在多重区域、以任何顺序（可能在任何特定区域都取决于有限的工序）被长期实施，时间模型通常将着重对资源和生产力的管理，而不是特定事件的关键线路顺序，或事件各阶段之间以及剩余工作交界面的关键线路顺序。

3.5.2.7 由此得出结论，这类时间模型通常会经受高度修改，以适应最终成熟的优先工序。

3.5.2.8 如果为了高密度进度安排，资源已经被用来计算工期；必须在确定工作进度之前，通过移动非关键事件的额外需求至可用资源供应时期，来平衡已配置资源的进度表，反之亦然。

3.5.2.9 对事件进行资源分配，以发展实际工作进度表的高密度部分，是基于网络的工程管理的基本实践。

3.5.2.10 资源平衡配置是一个平衡高峰和低谷资源需求的过程。过程包括以下两个步骤：

■ 预算每一个进度表事件所需要的资源数量；
■ 在这些资源的假设可用范围内，利用数学网络分析计算得到的浮动值来应对进度表事件（可利用备用条件来检测调度方案）。

3.5.2.11 不是所有的资源都难以获取（例如，在当地可大量轻易获取的资源就不太可能限制绩效）；并且当资源可以轻易获取时，它们就会被有效地计划，以符合项目进展。关键资源必须首先平衡配置，之后对其他资源的影响就能被个别资源直方图生动地显示出来。

3.5.2.12 根据备用条件，借助早开工或一系列重复工作中的总浮动时间，能够完成对关键资源的平衡配置，从而产生备用绩效进度表，以供管理团队参考。

3.5.2.13 只要有可能，应该调度施工团队以使连续性最大化，并尽量减少轮换工作和非工作的时间。只要可行，可以使用施工相关的直方图帮助阐述如何延迟一个后继施工的开始，以实现连续的绩效。

3.6 计算机软件

3.6.1 一般问题

3.6.1.1 在最低的程度，用于进度管理的软件可能只是一个绘图工具；而在最高的程度，却可以是一个拥有图形前端的、可定制数据库的复杂布局。为了具备制作进度表（进度表能发挥时间模型的作用）的能力，软件的核心必须具备足够功能性的数据库。这点非常重要，因为软件必须能够计算变更的各种后果；而仅仅阐述绘画人意图的绘画工具，无法完成这个核心功能。

3.6.1.2 无论软件的性能多么强大，它无法根据自身的意愿制作高质量的产品。即使是最强大的项目进度管理软件，也无法确保绝对完善的时间管理。软件最多只能向进度管理者建议好的做法，而不是鼓励绘图。

3.6.1.3 许多软件开发商提供非常重要和有用的培训。但是，这种培训的形式不应该和时间管理培训相混淆，也不应该被看作是时间管理培训的替代品。同样，大部分人都有获取微软 WORD 使用基础的良好经验；但是，尽管该软件拥有拼写检查和语法检查的功能，它也不能保证书写的内容有效、技术上准确，或者易于理解。

3.6.1.4 尽管每一个打算使用软件的公司都会考虑那些公司特有的问题，或者项目特有的问题；但总有某些问题比主观偏好更重要，也总有某些软件特性是有效时间管理所需要的。

3.6.1.5 因为软件每天都会变化，随着"全新的和改进的"[3]产品进入市场，那些专为时间管理设计的特性，无论它们现在是否还存在于任何产品中，均列在附录 2 中。

3.6.1.6 同一个项目的不同参与方使用不同的软件是无益的，因为不同产品的工作方式不同；即使相同的数据，也会因为不同的算法而得出不同的计算结果。所以，项目的所有参与方都应该使用相同的软件，并不得违反此要求。

3.6.1.7 虽然使用不熟悉的软件可能是乏味的，一个接受过软件培训并实践过一段时间的优秀进度管理者，将能够使用该系统且

---

3. 这不幸地成为一个与华而不实附加物常相混淆的术语。

操作娴熟。所以在挑选产品的时候，不太需要考虑使用者是否熟悉项目管理软件。

3.7 进度表设计

3.7.1 引言

3.7.1.1 进度表是一种实现整个项目的规划和工序的方式。进度管理者必须思考进度表的种类、计划内容、布局、外观，以及各种可能需要在设计进度表之前准备的报告的性质。

3.7.1.2 因此，设计进度表的目的应该是建立一套方针，使项目计划和进度尽可能有意义和透明。

3.7.2 工作性质

3.7.2.1 能够在短时期内按确定的工序被实施的工作所需要的时间管理方法，不同于那些需要长达几个月时间完成的工作。管理前者可以根据开工、实施和完工的日期。但是，管理后者只能日复一日地根据使用的资源和实现的生产力。

3.7.2.2 因此，无论生产力比逻辑顺序更能影响完工，基于资源的计划都是必需的。这通常对于大型项目的土方工程、现场打桩工程、大型制炼厂和其他线性项目的钢管焊接等作业是适用的。在这种形式的时间管理中，随着工作进展而获得用于计算工期的数据，每个资源的单位生产力将被补充插入。

3.7.3 进度整合

3.7.3.1 在大多数情况下，工程项目会涉及许多专业承包商、分包商和供应商。设计工作也会由许多设计咨询顾问实施，一些专业承包商还可能承担设计的责任。

3.7.3.2 进度整合的方法和实施的透明度是其设计时的重要考虑因素。其他承包商、分包商、供应商或设计方对不相容或无关联的进度表的维护，将违背有效的时间管理。

3.7.4 时间单位

3.7.4.1 计划的时间单位必须和能够保存生产记录的时间单位一致。

3.7.4.2 对于大部分建筑项目，以天为单位增加时间，通常被认为是有意义的最小单位；更细分的时间单位就难于管理了。

3.7.4.3 但是，对于某些项目，特别是那些涉及设备使用的项目，可能需要用小时和分钟为单位来计划对设备的短暂占有；有关这种情况，进度设计必须要允许更小的时间单位。

3.7.5 进度安排技术

3.7.5.1 为了阐述计划工序、事件之间的相互关系和依赖关系，以及为了表明实施工作的逻辑，关键线路方法网络图是必要的。根据预定的逻辑，通过执行'假设情景分析'，关键线路方法网络为预测后果和管理干涉事件的影响提供必要的模型。事件网络图的稳定性对于进度的后续分析是必要的。主要的替代方法有：

- 箭线图方法
- 前导图方法

3.7.5.2　根据不同软件产品的配置，进度表可能会显示以下一种或几种信息：

- 事件箭线图
- 前导图
- 链接的条形图
- 条形图
- 数据调度表

3.7.5.3　因为条形图的内容最容易被同化，对于大部分低密度的报告过程，条形图是优先选择的显示技术。链接的条形图也同样容易理解，根据软件变换图像尺寸的能力，它能为逻辑追踪提供有用的图形。但是，逻辑生成的网络图比条形图容易理解得多，因为前者是水平的。大型条形图的垂直性导致它很难被阅读。对于中密度和高密度的进度逻辑追踪，箭线图方法或前导图方法通常是必要的。

3.7.5.4　数据调度对于生产力分析将是必要的，并且对于关键线路方法网络图的质量保证审查也通常是必要的。

3.7.6　颜色、字体和图形

3.7.6.1　大部分的进度管理软件会提供多种格式设置选项。应该避免在同一张图表中过多地使用格式混合，因为这可能会分散读者对数据的注意力。

3.7.6.2　但是，为了显示清晰，应该谨慎选择字体和颜色，以清楚地区分进度表的不同结构要素。制图人知道，无论多复杂的地图，只依靠四种颜色填充就能避免共有边界使用同一种颜色。通过对进度表限制颜色数量和减少格式种类，能达到相同的清晰度。

3.7.6.3　在选择颜色和格式时应该注意，为达到某些目的，图表可能需要以黑白的形式复制与发送。

3.7.7　进度表结构

3.7.7.1　在开始计划进度之前，需要考虑许多结构因素并作出决策。以下是一些关键的约束条件，限制了进度安排的选择：

- 项目范围和目标
- 资源、劳动力、设备、材料限制
- 许可证和执照

■　公共设施和第三方项目

■　日程表

另一些会强烈影响进度设计，但在必要时又可以调整的决策是：

■　工作分解结构

■　事件识别代码

■　工作类型定义

■　密度设计

■　应急准备

■　事件内容代码

■　事件成本代码

■　报告

■　审核修改和进度更新

■　干扰事件影响

3.7.8　工作分解结构

3.7.8.1　工作分解结构（WBS）[4] 是一种根据结构等级，将整个项目范围的工作分解成易于管理的部件的方法。

3.7.8.2　WBS 的建立帮助控制和监视项目部件，并使之成为易于管理的工作要素；在高密度等级时，每一个要素被赋予具体的资源。

3.7.8.3　WBS 必须首先提供一个等级结构，最高级是整个项目，最低级是最终确定的所有待完成工作；例如，项目、阶段、区域、工作包，以及交付物。

3.7.8.4　每个项目都有自身的特质；根据选定的 WBS 结构，需要为任务和交付物的分配设计合适的模板。

3.7.9　事件识别代码

3.7.9.1　事件 ID 代码是唯一统一的数据识别，它配合进度表、计划方法声明和过程记录。确定命名事件 ID 代码的体系是很重要的。

3.7.9.2　这通常涉及如何决定一个代码体系；根据各种不同的标准，该体系能充分灵活地给予识别。例如，事件代码可以基于：

■　项目和子项目的区域配置

■　被调度工作的性质

■　工作的合同重要性

3.7.9.3　根据项目定义确定的选择性数据，一些软件产品能自动建议事件识别代码或增设代码。

3.7.10　工作类型

3.7.10.1　始终要明确的工作类型是：

■　关键日期，分段完工日期和竣工；

---

4. 有关 WBS 的定义解释，见 US Military Handbook 881B，Australian Standard AS4817: 2006 和 BS 6079-1: 2002。

- 接受设计信息的最终日期；
- 承包商的设计和批准；
- 法定批准、允许和工作；
- 样本生产和批准；
- 非现场制造；
- 设备订单，采购期，交付和安装；
- 进驻和撤离现场或部分现场；
- 临时工作；
- 临时车间订单，安装，服役和退役；
- 施工；
- 安装测试和服役；
- 交接过程。

3.7.11 进度密度

3.7.11.1 除非在开工前就完整地设计好工作，并且所有分包商和专业人员都任命完毕；否则，不可能在一开始就能充分地计划工作。

3.7.11.2 但是，如果时间被管理得十分有效，开展的作业、应用的资源，以及预期的生产力都必须在开工前确定。

3.7.11.3 进度表密度由此可能提升；从可行性角度而言，这是可行和必要的，因为可以获得更优质和明确的信息。图9描述了一个典型的可预测性的进度密度轮廓。

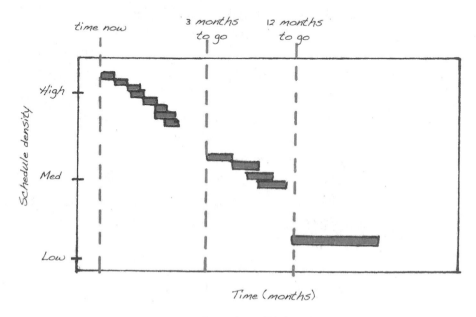

图9 与预测性有关的进度密度

3.7.11.4 针对不同的目的，进度安排的不同密度要求必须在进度设计阶段就考虑，应该在计划方法申明中确定。

3.7.11.5 图 10 描述了一个事件从低密度，经过中密度，到高密度变化的轮廓。

3.7.11.6 进度的低密度、中密度和高密度各部分的关系，可以便利地用一个低密度事件，将其发展成中高密度来说明。图 10 中，上方的图形描述了事件 B 在低密度条件下需要 25 个时间单位，在中密度条件下由事件 B1 到 B4 表示，在高密度条件下由事件 B11 到 B48 表示。

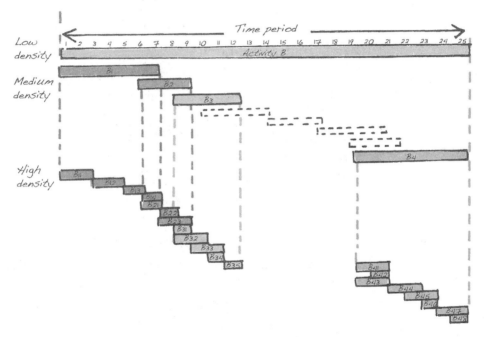

图 10 进度密度图解

3.7.12 低密度进度安排

3.7.12.1 低密度适合于计划在进度日后 9 个月或更长时间发生的工作。根据进度计划的目的，工作任务可能不需要预计的时间，或被归类为例如"机械和电气服务"的描述，且便利的只需几个月时间。

3.7.12.2 通常，必须准备标准化的布局，例如条形图或链接条形图，来描述以下工作特征：

■ 融资批准、许可准入、设计采购和施工所需的周期；
■ 不同建筑工程、现场施工和土木工程的工作顺序和序列。

3.7.13 中密度进度安排

3.7.13.1 中密度适合于计划在进度日后 3 个月到 9 个月之间发生的工作。在这个阶段，应该将工作设计的足够详细，以分配给承包商或分包商用于计价。

3.7.13.2 在不超过 2 个月持续时间的位置，事件可能被归类为商业活动。

3.7.13.3 以商业活动为例，在该密度条件下，应该区别电气服务和机械服务，且应该用位置和区域来识别与两者共同有关的工作。

3.7.14 高密度进度安排

3.7.14.1 高密度进度安排是短期内将发生工作的先决条件，比如进度日后 3 个月内发生的工作；在高密度条件下进行的工作将被记录、监控和报告。

3.7.14.2 在这个阶段，应该详细设计工作，澄清工作顺序和计划进程，并明确资源和生产力。

3.7.14.3 在这个水平，事件的持续时间应该与有限区域内的离散任务相关联，并且不应该超过报告的持续时间。

3.7.14.4 通常，必须准备标准化的布局以阐明工作的以下特点：
- 特定期间下，各项资源所对应的详细工序；
- 报告期间下，各项资源所对应的工作状态；
- 各项资源和计划 / 实际生产力的关系；
- 实际成本和实际生产力的关系；
- 实际成本和支付成本的关系。

3.7.14.5 无论是电子文档的形式还是纸质的形式，都需要建立报告；如果是纸质的形式，纸张的尺寸将会限制可供选择的报告布局。

3.7.15 日程表

3.7.15.1 必须建立日程表以确定工作和非工作的时间，从而计算出事件的持续时间。

3.7.15.2 通常，日程表是为了项目一般可利用的时间而建立的，例如工作周、周末、节假日等；也可针对特定资源的工作时间（例如，某个资源可能只为项目供应一周的某几天，或受限于一天的某几个小时，或一年的某几个月）。此外，建立日程表还可针对特殊的时间（例如 24 小时工作）。

3.7.15.3 大多数现代进度管理软件都有预设日程表选项，它常常被用来作为设计项目日程表的起点。

3.7.15.4 在网络图上阐明日程表效果的方法有很多，但无论采用哪种方法，选择的显示设备组合应该呈现清晰的效果。

3.7.15.5 例如，在连接条形图上阐明日程表的效果以至于：
- 非工作时段被标记为有颜色的垂直条纹，实际使用白色；

- 在描述某些非工作时段，如周末，可选择性地删除以减少视觉混乱；
- 关于非工作条纹，可在前景或背景中显示任务条。

3.7.15.6 一些进度管理软件允许分配停工期（有时被称为异常期），通过使用不同的颜色和图案。再次强调，对颜色和图案的使用只为达到清晰的目的。

3.7.16 资源

3.7.16.1 不同的进度管理软件采用不同的方法处理资源；在决定如何向进度表分配资源前，必须首先认识软件能做什么和不能做什么。

3.7.16.2 应该分别确定的全部资源分类如下：

- 不同承包商
- 分包商
- 咨询顾问
- 业主
- 供应商
- 设备

3.7.17 许可证和执照

3.7.17.1 进度表应该明确工作开始或结束前所需就位的许可证，且应该分别明确哪些由业主获取，哪些由承包商获取。

3.7.17.2 对于每一张许可证或执照，都将允许一段时间用来：

- 准备提交
- 决策阶段
- 授予许可证或执照

3.7.18 公共设施和第三方项目

3.7.18.1 那些与工程同时开展、部分工程常常依赖的独立项目，会产生特殊问题。例如，在设计进度表时需要特别考虑对水、气、电、通信等的供应当局；并且，关于每一个供应当局，都应准备确认：

- 调查要求
- 合同
- 授予许可证或执照
- 调动
- 工期
- 公路

3.7.18.2 必须注意，与调查有关的工作可能独立和优先于转移协议。

3.7.19 应急准备

3.7.19.1 通常会考虑许多风险，其中的一些风险需要应急准备期。

3.7.19.2　应该设计[5]应急准备时间，以分别确定业主和承包商的风险，以及与以下内容有关的风险：

- 事件和事件链；
- 承包商、分包商、供应商或其他资源；
- 进驻和离开日期，使用日期，或移交；
- 分段工程和部分工程。

3.7.20　事件内容代码

3.7.20.1　除特殊情况以外，进度表将被定期审查和修订。早期工作计划预计的事件将会发生，已完成的进度将会和预期生产力不同。为了管理这些偏差的时间影响，事件代码体系至关重要；当只需显示一个职业或科目的视角时，它能有效协助删选操作。需要考虑以下内容：

- 进度表密度变化；
- 日程表变化；
- 资源分配；
- 创建或修改集合工作；
- 插入资源驱动链接；
- 为每个职业或科目提供短期工作进度表。

3.7.20.2　不同的进度管理软件会采用不同的方法处理事件代码，在试图应用软件之前必须理解该进度管理软件如何处理事件代码。

3.7.20.3　事件代码应该将进度表的各种属性确定为信息组，信息组的值将帮助组织变化，以及帮助删选进度表的重要部分。因此，事件代码被用来提供：

- 进度表上的视觉效果和事件组的识别；
- 帮助删选、链接和组织事件，达到合适的视角，从而实现质量控制、审计和报告的目的。

3.7.20.4　大部分现在的进度管理软件产品会向进度管理者提供呈现指定事件代码的多种格式选项。至于软件默认使用特定的颜色和格式来指示关键和非关键事件，它们就必须不能用来指示其他信息组或其他信息组里的值。

3.7.20.5　对于重复任务，例如高层结构、道路施工、管道线路或采购阶段，如果进度管理软件支持将多任务分配到单个条形图；那么，合理使用事件代码将帮助呈现整个项目的任务，视觉上类似时间链进度表创建的图片。

3.7.21　事件成本代码

3.7.21.1　成本代码的运作方式类似事件内容代码，因为提供的

---

5. 见 3.8.54 至 3.8.57.3 的"风险与应急准备"。

具体成本预算或信息组的值归咎于特定的资源或事件。

3.7.21.2 一个有效的成本代码体系是项目控制的重要组成部分。如果充分配置成本代码体系，它能根据临时进度更新有效的计算临时成本，并能帮助避免预计完成值的潜在偏差。

3.7.21.3 成本代码还能促进成本会计和管理会计的一致性，从而使财务报告更加准确。

3.7.21.4 为了产生有价值的数据，成本代码体系不需要过于复杂；且应该设计成满足其他所需项目控制的复杂水平。其代码和结构应该参照建立 WBS 和事件代码的方式。应该在应用到进度表前，仔细考虑它们的应用，以达到分析和报告的预期水平。

3.7.22 进度报告

3.7.22.1 对于大型复杂项目，任何时候都使用整个进度表的所有细节是不切实际的。为了有效地报告，进度表应该被概括成不同程度的总结以针对不同的目的（见图 11）。大部分项目进度管理软件通过概括或汇总工具的功效，来帮助这种分级结构。

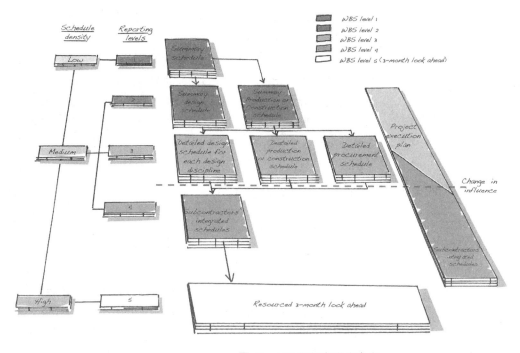

图 11 WBS 层级和进度密度

3.7.22.2 通常，必须准备标准布局结构来阐述工作的以下特点：

■ 特定职业或程序的计划工序和计时；

■ 信息发布日期，提交和批准日期；

- 每个完工、分段完工或关键日期的陆续实现的影响；
- 每个完工、分段完工或关键日期遭受的干扰事件的影响。

3.7.22.3 以下内容提供了初步设计允许的一般报告层级的轮廓：

- 第一层报告——也叫执行概要报告。它代表了进度表中的重要里程碑事件；它强调了主要的项目事件、里程碑事件和整个项目的关键交付物。当不需要更详细的进度表时，它被用来以低密度报告或其他文件的形式概括进度，并可以被合理地设计成条形图。
- 第二层报告——也叫高级管理报告。作为第三层进度表的摘要，它描绘了整个项目按位置被分解成各个主要部分，并被用来作低密度管理报告。
- 第三层报告——也叫项目经理报告。作为第四层进度表的摘要，向高级管理层报告状态，并向业主每月报告状态。它通常以中密度的形式显示。
- 第四层报告——也叫部门经理报告。第四层报告是详细的工作层面的进度表，其中每一张进度表都是第三层进度表部分的扩展，且都建立在整个项目进度表的内部。这是一个以中密度形式显示待完成事件的工作层面的进度表。这些事件产生的日期代表项目所需工作的开始和结束。
- 第五层报告——也叫短期预测报告。它阐述了由第四层报告进一步分解事件成为高密度形式；通过把资源分配到具体的项目区域，短期进度表被用来筹划协调日常工作所需的详细任务。

3.8 进度表编制

3.8.1 工作分解结构

3.8.1.1 编制进度表的第一步是确定和执行工作分解结构。一个简单项目的 WBS 基于作业区域和工作阶段，如图 12。

3.8.1.2 图 13 例举了另一种阐述资源关系的 WBS 层级模式。

3.8.1.3 尽管 WBS 可能在工程后期被修改，最终的修改可能导致混淆和相关控制，例如，基于相同结构的成本体系、过程方法等。

3.8.1.4 因此，在项目开始时必须编制一个清晰缜密的 WBS。最终，WBS 会导致交付物的分解工作包；交付物确定了项目工作的范围，并包含了分配的重要时间和资源。

3.8.1.5 需要为项目变更创建一个标题，标题能确定涉及协调干扰事件的工作，以及方便管理对进度的影响。

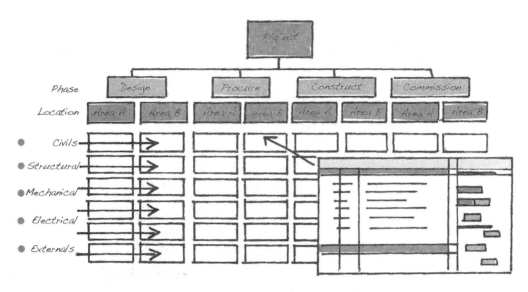

图 12 功能性项目 WBS 例举

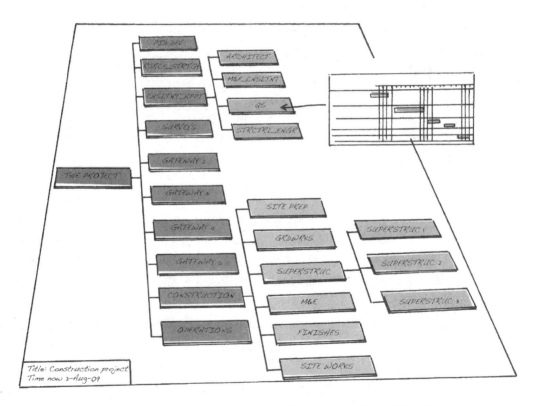

图 13 一个典型的 WBS 显示工作包 / 技能 / 职业

3.8.1.6 一旦建立 WBS 的模板，一系列项目控制措施可以被分配到每一个工作包。这些控制通常包括指定专人负责工作包的交付、指定工作包的关键日期，以及指定关键交付物的预算和说明。

3.8.1.7 WBS 也有可能以矩阵的样式与其他组织结构整合，例如成本分解结构或组织分解结构（OBS），从而使工作包与相关预算／成本，或组织责任保持一致。然而，在制作这种结构时需要注意，因为它太简单，而无法将这种工具（用以提供工作、产能、时间和控制的清晰度）的过分简单目的与过分复杂笨重的组织结构混淆。

3.8.1.8 图 14 描绘了整合的 WBS、CBS 和 OBS。

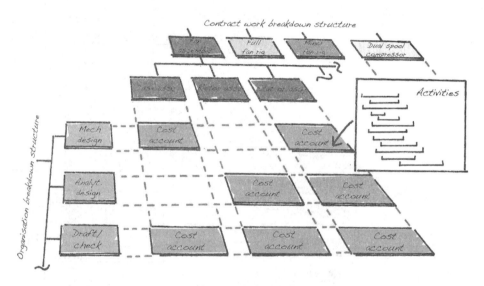

图 14 整合的 WBS、CBS 和 OBS

3.8.2 事件识别代码

3.8.2.1 事件 ID 应该能被进一步分解成相关子事件，从低密度到中密度再到高密度；随着工作的开展，审计追踪贯穿事件详细度发展的整个过程。因此，如同事件描述一样，事件 ID 可以按图 15 的例子来构建。

3.8.2.2 在图 15 中，事件描述十分简单，以保证清晰度；但是图 16 将事件描述进一步分解成更详细的方式。

3.8.2.3 在这个例子中，字母 Z 被用来保留一列没有数据的代码识别列；这个例子中不超过 25 栋建筑、25 个区域，一个字母被用来标识一栋建筑或一个区域。

3.8.2.4 所有被编码的工作发生在建筑 A 中，且在建筑 A 的区域 B 里；因此，无论在何种程度的密度下，所有事件 ID 都以字母 AB 作为起始字母。

	Location	Zone	Area	Section	Item	Description	Activity ID
Low density	A	B	A			Substructures	ABAZZ00010
Medium density	A	B	A	A		Excavations	ABAAZ00010
	A	B	A	B		Piling	ABABZ00010
	A	B	A	C		Ground beams	ABACZ00010
	A	B	A	D		Floor slabs	ABADZ00010
High density	A	B	A	C		Ground beams	ABACZ00010
	A	B	A	C	A	Formwork	ABACA00010
	A	B	A	C	B	Reinforcement	ABACB00010
	A	B	A	C	C	Placing concrete	ABACC00010
	A	B	A	C	D	Curing	ABACD00010
	A	B	A	C	E	Strike formwork	ABACE00010
	A	B	A	C	F	Backfill	ABACF00010

图 15　事件 ID 代码体系

3.8.2.5　在低密度情况下，我们只有被称为"子结构"的单条形图，在这个例子中就是区域 A。因此，事件以 ABA 作为起始字母。

3.8.2.6　在中密度情况下，"子结构"被分解成"挖方"、"打桩"、"地梁"和"楼板"，其中的每一项都被赋予一个标识字母；对应的在这个例子中，"地梁"被称为分段 C。因此，事件以 ABAC 作为起始字母。

3.8.2.7　在高密度情况下，"地梁"被进一步分解成"模板"、"加固"、"浇注混凝土"、"固化"、"拆模板"和"回填"，其中的每一项都被赋予一个标识字母；对应的在这个例子中，"加固"被称为条目 B。因此，事件以 ABACB 作为起始字母。

3.8.2.8　检索号码从 00010 开始，通常以 10 的倍数增加；这可以为日后需要在 10 的范围内插入的其他事件留出余地（就不需要打破数列顺序）。因此，对"加固"事件进一步分解可能是 00020、00030 等；如果日后需要在 00020 和 00030 之间插入另一个加固事件，事件 ID 可以是 ABACB00025。

3.8.2.9　此外，在某些情况下可以采用一种更加简便的事件 ID 代码形式，在开发进度表中事件 ID 可以只描述操作的阶段和区域，例如，DA1000= 设计（design），区域 A，事件 1000。它可以发展为工作进度表，通过添加进一步分解，例如 DA1000.01 到 99 等。

3.8.2.10　重点不在于代码公式的复杂或简洁，而在于它创建了一个满足使用目的的有意义的事件 ID，且能根据进度密度的需要进一步分解成更具体的代码。

3.8.3　事件描述

3.8.3.1　事件描述体现了计划项目交付物的本质。因为它们经常删减在其他地方（如业主的要求）显示的更详细描述的总结；所以，无论进度表采用何种密度，事件描述必须清楚和不含糊。

3.8.3.2　大部分进度管理软件为事件描述提供有限的领域。因此，不仅要为每个事件配置一个唯一的识别代码，还要为每个事件的命名建立一个准则，以使每一个描述内容都独一无二且不含糊。

3.8.3.3　基于进度表的目的，在可行性阶段事件描述可能十分粗糙，为每栋楼不超过计划的起止时间提供便利。另一方面，在施工阶段，时间管理需要非常详细具体的事件描述。随着进度密度的增加，描述的清晰度和唯一性变得更加重要。

3.8.3.4　然而，无论哪种程度的进度密度，事件描述都必须清楚、简洁并满足其目的。

3.8.4　低密度下的描述

3.8.4.1　起初，在项目的工作范围没有充分确定之前就编制了进度表。因此，对于低密度进度表而言，需要一个适合后续再细分的事件描述（如子结构）。

3.8.5　中密度下的描述

3.8.5.1　必须注意，早期的施工进度表将被提交以实现合同义务；且最重要的是，工作的所有要素都被充分描述。

3.8.5.2　在项目开发的早期，保持事件描述在一个合理的高度是十分必要的；这是为了维持进度计划的灵活性，以应对工作范围被进一步明确和细化（例如挖方、打桩、地梁、楼板）。

3.8.6　高密度下的描述

3.8.6.1　事件描述必须清楚、不含糊、精准地确定工作内容和实施地点。如果不清晰，就不可能准确地记录工作的进度，例如：

地梁：

- 模板
- 加固
- 浇注混凝土
- 固化
- 拆模板
- 回填

3.8.6.2　图 16 举例说明了在实践中，事件描述逐渐增加的密度是如何发展的；通过使用与图 15 相同的案例数据，它阐述了如何嵌套事件描述，以及如何根据识别位置、区域、面积、分段和条目的数据，使得事件描述独一无二。

3.8.7　确定作业时间

3.8.7.1　基于进度密度、目的和掌握的信息，作业时间来源于：

- 经验
- 行业标准
- 企业标杆
- 对比其他项目
- 计算资源
- 规范

3.8.7.2　编写事件网络图内容时，最重要的考虑因素之一是事件持续时间应该被归纳地决定还是演绎地决定。换句话说，进度设计者必须考虑是否按以下方式决定事件的持续时间：

- 经验主义方式，通过设定事件的起止日期，假设能有足够的资源来实现；
- 数量分析方式，通过确定需要实施的工作量、可供合理分配的资源量和资源利用率。

3.8.7.3　大部分进度管理软件会提供备选作业规则来处理时间问题。默认规则通常是把优先权给分配的时间，优先于任何通过应

Location	Zone	Area	Section	Item	Detailed activity description	Activity ID
Low Density						
A	B	A			Substructures in Bld A, Zn B, Ar A	ABAIZ00010
Medium density						
A	B	A	A		Excavations, Bld A, Zn B, Ar A, Sec A	ABAAZ00010
A	B	A	B		Piling, Bld A, Zn B, Ar A, Sec B	ABABZ00010
A	B	A	C		Ground beams, Bld A, Zn B, Ar A, Sec C	ABACZ00010
A	B	A	D		Floor slabs, Bld A, Zn B, Ar A, Sec D	ABADZ00010
High density						
A	B	A	C		Ground beams, Bld A, Zn B, Ar A, Sec C	
A	B	A	C	A	Formwork to gnd bms, Bld A, Zn B, Ar A, Sec C	ABACA00010
A	B	A	C	B	Reinforcement to gnd bms Bld A, Zn B, Ar A, Sec C	ABACB00010
A	B	A	C	C	Placing concrete to gnd bms Bld A, Zn B, Ar A, Sec C	ABACC00010
A	B	A	C	D	Curing to gnd bms Bld A, Zn B, Ar A, Sec C	ABACD00010
A	B	A	C	E	Strike Formwork to gnd bms Bld A, Zn B, Ar A, Sec C	ABACE00010
A	B	A	C	F	Backfill to gnd bms Bld A, Zn B, Ar A, Sec C	ABACF00010

图 16　唯一的事件描述

用逻辑或资源推断出的时间；当与分配时间不一致时，规则可能改变，转而把优先权给其他数据类别。

3.8.7.4　当资源分配和指定的生产力被标识为计算事件时间的决定因素时，会根据提供的资源数据来计算时间。

3.8.7.5　在中密度和低密度情况下，当根据进度逻辑计算事件时间时，例如当扩展某个事件超过其既定时间，以保持与'结束到结束'的逻辑一致，它通常被称为"延伸的"或非连续的事件。根据特定事件或仅与整个进度表有关时，进度管理软件才会允许该选择。

3.8.8　低密度下的持续时间

3.8.8.1　持续时间通常来自项目相关人员的经验评估。

3.8.8.2　根据经验可能得到，一组工人以"x"吨每小时的进度建造钢结构，所以建造"y"吨钢结构需要花费"y/x"小时（例如，500 吨钢结构 /5 吨每小时 =500/5=100 小时）。

3.8.8.3　在该密度下，许多工作没有被充分明确；于是，根据经验数据，且高度使用临时公式，通常是适合的。

3.8.9　中密度下的持续时间

3.8.9.1　在该密度下，可以认为工作已经得到了详细设计，于是应该采用更科学的方式计算合理的事件时间。

3.8.9.2　在中密度下，不应该只根据一个预期的时间公式粗略估值。

3.8.9.3　通常，根据以下一项或多项信息确定事件时间：
- 规定的执行标准（例如，固化时间、规定的临时和应急时间，以及类似的规定）；
- 根据数量、近似数量、理论资源和标准生产率的计算；
- 经验评估；
- 专业分包商和供应商的生产数据；
- 历史生产数据。

3.8.10　高密度下的持续时间

3.8.10.1　该密度支配那些预计在未来三个月内执行的工作，且能够得到关于设计工作和资源的所有信息。

3.8.10.2　尽管经验能帮助判断计划的生产率和资源是否合理；但是在这个阶段，评估不能仅仅依靠经验。

3.8.10.3　通常，根据以下一项或多项信息来确定事件时间：
- 规定的执行标准（例如，固化时间、规定的临时和应急时间，以及类似的规定）；
- 根据数量、近似数量和生产率的计算；
- 专业分包商和供应商的生产数据；
- 历史生产数据；

■ 行业标准。

3.8.10.4　关于可能的生产率对时间的影响，需要考虑以下信息：

■ 物理工作条件；

■ 安全要求和达成的劳务协议；

■ 现场停工期；

■ 季节性气候波动；

■ 季节性活动；

■ 供应季节性工作的资源。

3.8.11　经验

3.8.11.1　时间——对于低密度进度表，甚至在某种程度上对于中密度进度表而言，利用经验预测一些事件是必需的。

3.8.11.2　在工作面的施工职业专家和管理人能够根据他们的经验估计，基于一般日常工作条件和一定的班组人员，可能需要多久完成某个事件。

3.8.11.3　在缺乏客观标准时，进度管理人只能依靠自己的经验。但是，依然可以采用一种方法，那就是测量一系列其他资源的可能时间，并通过以下方式来应用：

■ 理想时间——合理完成事件的最短时间；

■ 最可能时间——最大概率的完成时间；

■ 悲观时间——事件需要的最长完成时间。

综合以上考虑，以下公式能提供一个加权的预测时间：

$$预测事件时间 = \frac{理想时间 + （4 \times 最可能时间）+ 悲观时间}{6}$$

3.8.12　行业标准

3.8.12.1　显而易见，对于一般的状况和工作类型，资源和生产数据应该尽可能真实。数据可以从许多资源中获取，但是无论从哪里获取，应该在计划方法声明中记录其来源。

3.8.12.2　附录4是一张有关当前可利用来源的进度表。

3.8.13　标杆基准

3.8.13.1　对于重复操作，应该实施一项工作调查来建立绩效基准。如果需要装配500个卧室，装配一个卧室所需要的时间是非常重要的考虑因素：因为任何错误都会被放大500倍。所以，实施一项工作调查来确定装配第一个卧室所需的准确时间是非常重要的。相似的考虑因素也适用于大厦的结构提升、打桩工程、管道铺设，以及诸如安装房门之类的任何微观层面的重复事件。因此，通过一项对样本的标杆研究来检查作业，可能是非常有必要的；特别是对于导致时间损耗和干扰损失的后续变更。

3.8.13.2　当标杆生产力数据能够从相同承包商过去执行的相似工作的生产数据中获得时，就应该比其他非项目相关数据优先采用。

3.8.14　对比其他工程项目

3.8.14.1　对于低密度高风险进度表（存在高度的推测时间分配），在缺乏更客观的数据时，以其他相似项目的已知时间作为基准，通常是分配时间的优先方法。

3.8.14.2　对于低密度和中密度进度表，谨慎起见，应该使那些可能或已经被任命的专业分包商参与，以借助他们的专业经验。

3.8.14.3　然而，对于中密度进度表，采用其他工程项目的完工数据是一种应用有限的方法，因为在中密度进度表中大部分设计工作已经完成；因此需要一种与项目本身更相关的预测事件时间的方法。

3.8.14.4　对于安排高密度和短期的进度，不能参照其他类似项目来分配时间。

3.8.15　基于资源和工作内容的计算

3.8.15.1　相关资源有：

- 人工
- 设备
- 资金
- 材料
- 空间

3.8.15.2　然而，根据不同项目的工作类型，这些资源的重要性优先次序是不同的。例如，设备类型和数量，以及加工车间的生产能力，这些对于土方工程是关键因素；但是在大部分的建筑工程中，人工对于一般工作类型可能是关键资源。

3.8.15.3　有四种方法用于资源进度安排；如果进度管理软件能使用全部四种方法计算进度，那将非常有益。用于方案建模的设备十分重要。四种方法是：

- 通过关键时间的资源分配来确定时间表和关键线路（竣工日期不会改变，只会显示超载的资源）；
- 关键资源的资源分配（竣工日期会发生改变，以反映在当前可利用资源下完工所需要的时间）；
- 利用事件的最早开始和最早结束日期进行资源分析；
- 利用事件的最迟开始和最迟结束日期进行资源分析。

3.8.15.4　在进度表的高密度部分中，需要根据高密度进度表的资源和生产力来计算时间。

3.8.15.5　在高密度下，事件时间是一个有关工作量和资源生产力系数的函数。这种计算时间的方式对于中密度下的某些事件依然有效；但在低密度进度表中，通常没有足够的数据支持有意义的计算。

3.8.15.6 一旦分配了资源且根据生产力系数重新计算了事件时间，可能发现合成的进度表会呈现不必要的浮动时间和不连续的事件。为了实现更高级的连续性，可以通过消耗浮动时间来调整资源分配。这个过程就叫作资源平衡。

3.8.15.7 资源平衡的目标是均衡人工和设备资源的需求；因此，无论在高峰还是低谷，都能避免可预测的生产力损失。目的是为了避免产生这样的进度表：第一周需要 100 个人工和 20 台设备，第二周什么都不需要，第三周需要 50 个人工和 10 台设备。

3.8.15.8 通过调整事件时间来实现平衡，以均衡资源需求。基本上，除了改变网络逻辑，还有两种方法可以避免资源需求的高峰和低谷：

- 减少资源以填充可利用时间；
- 增加非关键事件的时间。

3.8.15.9 两种方法都利用浮动时间覆盖被平衡资源的最早和最晚开始日期，并重新调整到可获得均衡资源的日期。

3.8.15.10 资源进度表可提供资源直方图和累计图，帮助那些阅读原始数据有困难的人方便快捷的检查，一次至少一种资源或进度表元素。

3.8.15.11 图 17 用不同颜色描述了在调整进度和平衡资源前的不同资源。通过回顾该图，进度管理者能检查用灰色 / 白色虚线表示的资源使用，并思考实现该水平的可行性。

3.8.16 说明

3.8.16.1 临时工作、主要成本工作和其他应急措施的理论时间应由项目团队确定和详细说明，并包含在低密度进度表和中密度进度表中（在这两类表中之前未知的工作依然不明确）。

3.8.16.2 就什么是决定进度时间的有效合理的方法而言，进度密度是决定因素。

3.8.17 日程表

3.8.17.1 项目日程表将陈列：

- 常规的工作日；
- 工作日中的工作时间，用以容纳每班的工作小时和每天的班数。

3.8.17.2 日程表也确定了非正常工作日的时间以容纳：

- 周末
- 法定假日
- 宗教假日
- 行业认可的其他假日
- 当地假日等

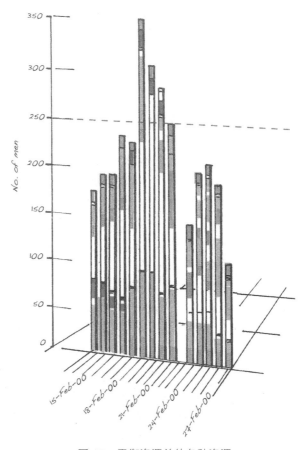

图 17　平衡资源前的各种资源

3.8.17.3　可能需要为以下工作者确定各自的工作阶段：

■　专业承包商

■　分包商

■　供应商

3.8.17.4　可能还需要为以下资源确定工作阶段：

■　有限的占有

■　资源敏感的气候周期

■　预计加班

■　断电

■　环境因素[6]

■　冬天的土方工作

■　临时交通改道

■　设备维护停工期

---

6. 例如，保护物种和繁殖季节的影响。

3.8.17.5 应该建立多个日程表以应对周末和公共假日导致的停工(例如恶劣天气、铁路中断和停电),禁运期(例如冬天的土方工程、鱼类繁殖期的过江),封路期间的进入可行性、多班组工作,以及计划的设备停工检修等。

3.8.17.6 但是,因为识别性和追踪性的难度,日程表不可用来确定应急准备期,例如,哪些其他工作日可作为名义非工作日来应对可能的不利天气条件。正确的分配做法是作为应急事件期,这样就能被清楚地观察和审计。

3.8.17.7 与现场作业无关的,但与每个24小时有关的日程表还需要容纳以下时期:

■ 提交和批准时期
■ 采购和交付时期
■ 动员时期
■ 混凝土养护期

3.8.17.8 根据不同目的,这些日程表可能会或不会承认宗教假日、行业认可假日、公共假日和周末;必须根据这些假日的价值来酌情考虑。

3.8.17.9 项目进度管理软件不都用同一种方式来处理多个日程表。因此,强烈建议日程表分配尽可能简化以使它们对时间管理的作用更有效益。应该注意,多个日程表分配的作用将通过进度管理软件的设计算法来指示;并且对于任何指定的组合,不同的软件在计算关键性时会产生不同的结果。因此,进度管理员和整个管理团队需要理解,选择的软件是如何利用有关事件和资源的日程表的。

3.8.17.10 建立资源日程表通常根据特性、日程表定义,或者通过明确在每一个特定资源中的实际日期变更。这些可能在定义资源时被分配到资源中,但是将日程表分配到资源的方法在很大程度上取决于使用的软件特性。

3.8.17.11 当重新设计进度时,资源日程表通常会覆盖默认事件日程表;因此在确定特定资源的工作时间时,需要特别小心的分配非工作时间。

3.8.17.12 除了要确定工作天数,日程表还需确定每天的工作小时数。这些被称为"工作模式"。工作模式是一系列在某一工作日内的工作和非工作时间。对于每一个事件或资源,一个工作日只能获得一种工作模式。在极端条件下,一些进度软件能将工作模式时间分配进一分钟甚至一秒钟;其他软件可能相对粗糙,最多只能精确到半天。根据不同的进度管理软件,分配工作模式可能一次应用一年,或者一次数周或数月。

3.8.17.13 尽管在技术上可以将晚班整合进日班工作模式,这可能会对一些软件的设备起负作用。因此，如果需要一个晚班，就需要建立一个不同的日程表来分配它。

3.8.17.14　在同一张日程表中，可以将不同的工作模式分配到特定的季节中，例如：

■ 在舒适工作环境的冬季采用夏令时；
■ 在严酷环境中的极端天气条件下，中午工作是唯一的选择或者完全不可行。

3.8.17.15　不可使用工作模式来识别应急准备期，例如通过识别哪些名义非工作时间可以作为实际工作时间来应对潜在生产力损失。正确的分配方法是将其作为应急事件时期，这样就能清晰地定期观察和审核。

3.8.17.16　应该避免通过增加额外的工作小时来缩短工期的可能性。长期增加工作小时必定造成生产力损失；除非同时考虑生产力输出和返工风险，表面的工期缩短很可能会起误导作用。必须确保分配的工作模式与当地健康安全标准保持一致。

3.8.18　低密度日程表

3.8.18.1　起初，日程表可能仅限与事件相关的工作周，以及法定的和其他假日。

3.8.19　中密度日程表

3.8.19.1　该阶段，所有与事件相关的日程表和主要资源相关的日程表都需要到位。

3.8.20　高密度日程表

3.8.20.1　当现场施工即将开始时，所有资源日程表必须已经建立，且分配到相应的资源中。

3.8.21　事件内容代码

3.8.21.1　项目进度软件基于数据库应用，该数据库应用能够创建许多不同的数据区和这些数据区中的值。有一种数据区被称为"事件代码"。通过一组事件的代码属性和值，这些事件能被搜索、筛选，并显示成离散的类别，以促进审核和质量保障、检查、修正和报告。

3.8.21.2　通常，可以通过 WBS 方法或者利用事件代码来组织进度表。但是，WBS 是相对静态的结构，因为它们源于特定的目的；事件代码提供了一种无限变化的结构，在这种结构中进度表可能被重新规划。

3.8.21.3　图 18 举例说明了典型的描述代码和属性值。

3.8.21.4　在确定数据区可能应用的任务之前，应该优先设定进度表最可能应用的事件代码组。应该提前考虑"公共"代码组，它们可能适用于一个组织，或者一个项目，以避免代码组重复出现在其他企业领域。

Descriptive Fields	Descriptive Values
Location	Building 1, Building 2, River crossing
Area	Basement, Ground, 1st Floor, 2nd Floor
Zone	Gridlines A1-G5, Gridlines A6-G10, Gridlines A11-G15
Department	Design, Purchasing, Information systems, Construction
Responsibility	Project director-Alan Cappins, Chief architect-Dave Schmit, Director of purchasing-Ellen Ulrich
Phase	Conceptual design, submittals and approvals, shop drawings, procurement, construction, testing
Section	Foundations, structural frame, cladding, installations
Events	A1, A12, CVC4, Claim1, Claim2, Claim3

图 18 描述事件内容代码和属性值

3.8.21.5 在设计过程中的任何时间，都可能添加事件内容代码和值。但是，一旦它们被赋予到事件中，创建代码和值的顺序或结构的相应修改可能导致严重影响，应该避免。

3.8.22 成本代码

3.8.22.1 成本代码和结构的使用方式十分类似于事件代码和工作分解结构；为了有效地预算分解和成本校队，它们被应用到进度表中，以监控每一个成本包。

3.8.22.2 成本代码被编排进与 WBS 相匹配的结构中，从而为项目团队提供极大的便利。例如，项目的成本工程师或工料测量师能够根据进度、现金流、实际生产力预测完成任一工程包的造价。大部分软件能够提供数据报告，并根据预算显示有关实际值的动态和整合的进度视角。

3.8.22.3 事件和资源的成本应用帮助协调在项目规划者、进度管理者、成本工程师或工料测量师之间的项目管理。但是，详细程度主要取决于进度表密度。

3.8.23 低密度成本代码

3.8.23.1 该密度下，进度表通过主要预算组和预计付款里程碑有效地显示成本数据。该进度表密度只能包含大致的预算信息，并通常需要高度的应急准备。

3.8.24 中密度成本代码

3.8.24.1 该密度下，所有相关事件和大量资源被建立。成本代码结构被更多地指派到项目事件中，它们基准值的准确度对于预测成本十分重要。

3.8.25 高密度成本代码

3.8.25.1 当开始现场施工时，所有资源必须到位，且被分配到对应的活动中。该密度下，成本代码结构被更多地指派到资源中，它们基准值的准确度和过程成本更新对于有效的项目成本管理至关重要。毫无疑义，进度和定期输入进度表的成本数据的准确性取决于临时的证据，且反映了实际使用的资源。

3.8.26 逻辑

3.8.26.1 除非在设计方法声明中详细说明反对的原因，除了开工里程碑之外，每一个任务都有一个逻辑前导（例如，在某某日期以后才能到达 B 区域）。同样，除了竣工里程碑之外，所有任务都应该有一个逻辑继任。

3.8.26.2 逻辑可以被分为四类：

- 工程逻辑
- 优先逻辑
- 资源逻辑
- 区域逻辑

3.8.26.3 一些进度管理软件通过"或者"门，为指定替换逻辑提供便利。

3.8.27 工程逻辑

3.8.27.1 工程逻辑，有时也称为"硬逻辑"，它对于进度是不可或缺的（例如，基础优先于上层建筑，上层建筑优先于装修等）。这个逻辑是不可变的。

3.8.28 优先逻辑

3.8.28.1 优先逻辑，有时也称为"软逻辑"，它与管理过程更相关。例如，"A 部分"的地面清理计划在"B 部分"的地面清理之前优先进行，"A 部分"的基础工程计划在"B 部分"的基础工程之前优先进行。假设均按时完成从而避免了资源的无效输出，现实中不可能产生抑制作用改变这种优先逻辑，例如使"B 部分"优先于"A部分"之前进行。如果现实中存在这种抑制作用，那么这种逻辑就不是优先逻辑。

3.8.29 资源逻辑

3.8.29.1 这是优先逻辑的一种。由于管理原因，特定资源按特定顺序进行。例如，某特定资源在"区域 A"开始，并计划在"区域 B"继续。假设均按时完成从而避免了资源的无效输出或其他效率损失，现实中不可能产生抑制作用改变这种资源逻辑，例如使资源开始于"B区域"然后继续于"A 区域"。如果现实中存在这种抑制作用，那么这种逻辑就不是资源逻辑。

3.8.30 区域逻辑

3.8.30.1 这也是优先逻辑的一种。由于管理原因，体力工作的一部分必须优先于另一部分。例如，在"建筑 A"中的工作计划在"建筑 B"中的工作开始前进行。假设均按时完成从而避免了资源的无效输出，现实中不可能有抑制作用改变这种区域逻辑，例如使"建筑 B"在"建筑 A"之前执行。如果现实中存在这种抑制作用，那么这种逻辑就不是区域逻辑。

3.8.31 逻辑可能性

3.8.31.1 无论采用何种逻辑，所描述的顺序必定反映未来工作从设计、采购到现场施工的执行意图。各种可能性如下。

3.8.32 开始到开始

3.8.32.1 如图 19 所示关系，事件 B 可以和事件 A 同时开始，但不能早于事件 A。

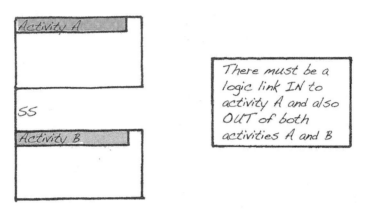

图 19 开始到开始的关系

3.8.33 结束到结束

3.8.33.1 如图 20 所示的结束到结束关系，事件 A 不结束，事件 B 就不能结束。它表明事件 B 可以和事件 A 同时结束，但不能早于事件 A 结束。

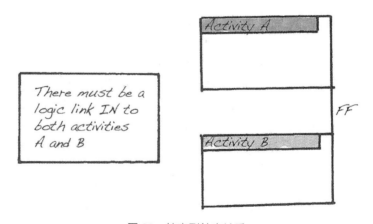

图 20 结束到结束关系

3.8.34 结束到开始

3.8.34.1 图 21 所示惯例显示了两个事件之间的正常顺序关系。

例如，直到事件 A 结束后，事件 B 才能开始。

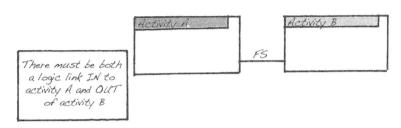

图 21 结束到开始关系

3.8.35 开始到结束

3.8.35.1 图 22 所示惯例显示了一种非常规的顺序关系，在前导事件开始之后某个事件才能结束。例如，事件 B 不能结束，除非事件 A 开始以后。只有在特殊情况下，这种关系是合理和逻辑的。

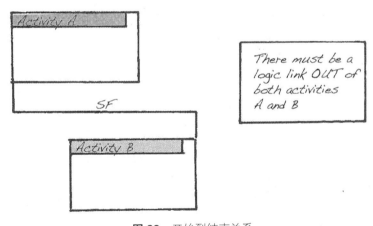

图 22 开始到结束关系

3.8.36 滞后

3.8.36.1 滞后既不是事件，也不能代替事件。

3.8.36.2 进度管理中用时间滞后指示一段从前导事件的开始或结束到继任事件逻辑开始的时间滞后（有时也称"引导"），或者一段从前导事件的开始或结束到继任事件逻辑结束的时间滞后。

3.8.36.3 现实中，时间滞后代表了一种评估，对完成进度表未说明的前导部分工作的所需时间、数量和识别的评估。如果进度表未作出说明，计算滞后时间的逻辑前提必须在计划方法声明中明确。各种可能包括以下内容。

3.8.37 滞后的结束到结束

3.8.37.1 在图 23 中，"d"表示一个结束到结束的关系，但有一个滞后，也就是，事件 A 结束后又过了"d"天（或者无论使用多少天数），事件 B 才能结束。这种惯例提供了一种事件时间重叠的方法。除了参照时间推移，一些进度管理软件将这种关系描述为：直到事件 A 的一部分已经完成后，事件 B 才能结束。

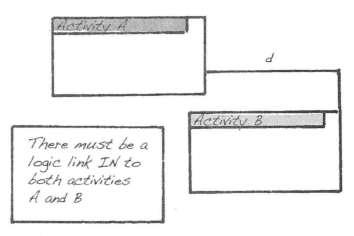

图 23 滞后的结束到结束

3.8.38 滞后的结束到开始

3.8.38.1 在图 24 中，"d"表示事件 A 和事件 B 之间的结束到开始关系，在事件 A 已经结束后的"d"天，事件 B 才能开始。例如，混凝土浇筑后需要一段养护时间，才能对其工作。

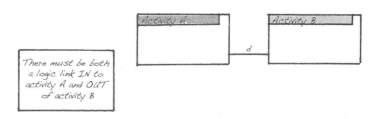

图 24 滞后的结束到开始关系

3.8.39 滞后的开始到开始

3.8.39.1 在图 25 中，"d"天表示有延迟的开始到开始关系，在事件 A 开始后的"d"天，事件 B 才能开始。该惯例提供了一种事件执行重叠的方法。除了参照时间消逝，一些进度管理软件将这种关系描述为事件 B 在事件 A 的一部分开始后才能开始。

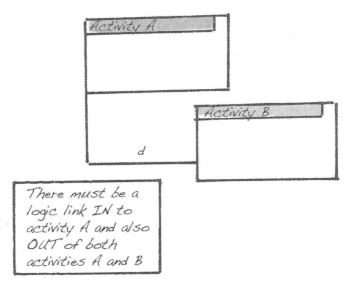

图 25 滞后的开始到开始关系

3.8.40 滞后的开始到开始和结束到结束

3.8.40.1 这种情况指，相关事件的开始和结束都需要滞后。如图 26。

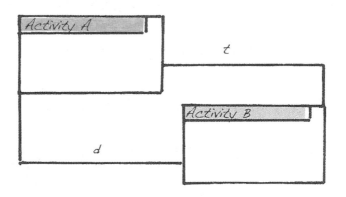

图 26 滞后的开始到开始关系结合滞后的结束到结束关系

3.8.40.2 在该规划中，事件 B 在事件 A 开始后的"d"天才能开始，同时，事件 B 在事件 A 结束后的"t"天才能结束。例如，在管道工程中，事件"铺设管道"必须在事件"挖方"的"x"天后开始，"y"天后结束。因此，"铺设管道"在事件'挖方'的开始和结束日期后分别有一个"x"天的滞后开始和"y"天的滞后结束。一些进度管理软件将这种关系描述为：前导事件或继任事件的部分开始或结束后，某工作才能开始或结束，而不是参照时间流逝。

3.8.40.3　一系列三个或以上事件，包含开始到开始和结束到结束的主导滞后，被称为阶梯。因为许多进度管理软件倾向于为主导的结束相关的逻辑提供优先权，相对于持续时间；因此，如果阶梯内的事件的持续时间需要更改，这些配置可能产生离奇的后果。所以，应该避免阶梯，除非正在使用的进度管理软件能够合理的处理逻辑不一致[7]的影响。

3.8.40.4　除了当滞后代表混凝土浇筑后的养护周期，或类似的工序暂停时；一般惯例是，滞后时间不应超过滞后所关联的事件最短持续时间的 50%。

3.8.40.5　一些进度管理软件将前导事件的日程归于滞后中，有的将继任事件的日程归于滞后中，还有一些允许所有不同的日程（前导事件或继任事件）分配到滞后中。因此，为了建立滞后的逻辑前提，需要先确定它的日程。

3.8.41　负滞后

3.8.41.1　负滞后是一种关于相连事件的开始和结束之间的关系，继任事件在前导事件结束之前的一段时间才能开始。这种逻辑不可能实现，尽管大部分进度管理软件并没有防止这种情况发生，但应该避免使用这种逻辑，因为它会篡改关键线路。

3.8.42　低密度的滞后

3.8.42.1　在低密度情况下，使用滞后是一种有效的进度管理技术。低密度进度表可能合理地包含许多滞后的工序，仅仅因为在该密度下假设许多生成的事件是推测的。

3.8.43　中密度的滞后

3.8.43.1　对于中密度进度表，持续时间会更短，且包含大量结束到开始序列，但是可能合理地包含一些长持续时间事件的滞后序列。

3.8.43.2　滞后可能是在中密度水平的一种有用的进度管理技术，在该水平它们尽可能减少所需描述的事件数量。但是，在中密度下应该更少的需要维持之前在低密度下插入的滞后，或者引进新的滞后。

3.8.44　高密度的滞后

3.8.44.1　如果没有准确的计划意图模型，将不可能预测事件必须开始或结束的时间，或者识别哪些事件对于完工是关键的。因此，至关重要的一点是，应用于高密度进度表的逻辑准确的描述什么是必须的，并且在高密度进度表中滞后的工序大部分时候是不可接受的。

---

7. 其中一种处理方式是在软件允许的地方设定浮动计算为"最关键"。

3.8.44.2　除非有一个好理由支持反面（这种情况下，必须在计划方法声明中充分陈述理由），否则，滞后不应在高密度水平使用。在该密度，所有关于进度表资源的事件都应被充分清晰地识别，以理解每个事件在项目进程中的哪个节点相对其前导事件，必须开始和结束。

3.8.45　限制

3.8.45.1　在大部分进度管理软件中有一些选项通过日期或浮动有关的限制来操纵逻辑效应。不同进度管理软件对于限制的定义和处理限制的方式是不同的。但是，任何时候，限制的作用都是推翻网络结构中的其他逻辑。

3.8.45.2　将限制应用到事件的目的是，通过该限制防止事件服从任何不一致的逻辑。结果可能导致进度表无法根据逻辑预测事件到期开始和结束的准确日期，并无法提供正确的关键线路。因此，必须特别谨慎的使用有选择的限制，并在计划方法声明中证明是合理的。

3.8.45.3　当资源只在特定时间点才能到位（称作"到点开始"或"随后开始"限制），或当事件被安排到最迟可能日期时（称作"尽可能迟"限制）；事件开始或结束或事件链的日期需要确定并作为限制。

3.8.45.4　限制分类如下：

■　灵活：根据任何逻辑和相关资源的变化，改变事件开始和结束日期；

■　适度：根据部分、非全部逻辑和相关资源的变化，调整事件开始和结束日期；

■　固定：事件开始和结束只服从限制，不因逻辑和相关资源的改变而改变。

3.8.46　灵活的限制

■　尽可能早：为事件安排尽可能早的开始和结束日期。早开始和早结束被设定成与迟开始和迟结束相同，且排除事件及其全部前导事件的浮动时间。在某些进度管理软件中，这属于默认限制，通过该限制向前计算关键线路。

■　尽可能迟：为事件安排尽可能迟的开始和结束日期。早开始和早结束被设定成与迟开始和迟结束相同，且排除事件及其全部继任事件的浮动时间。在某些进度管理软件中，这属于默认限制，通过该限制向后计算关键线路。

3.8.47　适度的限制

3.8.47.1　除非必需，应尽可能避免该类限制。它们是：

■　零自由浮动：该限制安排事件在继任事件开始之前立即完

成。这是一个可接受的识别方式，例如，信息发布计划日期早于从属的事件（通常伴随一个明确的滞后代表调动准备期），或者为了模拟及时的物资到达。

■ 结束不早于：该限制指定了事件结束的最早可能日期，且事件不能早于该指定事件结束。但这种情况很少发生。

■ 结束不迟于：该限制指定了事件结束的最迟可能日期，但事件可以在该指定日期当天或之前结束。这种情况也很少发生。

■ 开始不早于：该限制指定了事件开始的最早可能日期，且事件不能早于该指定日期开始。常常使用这种限制针对同一张进度表内的不同施工阶段的开工，这些阶段在其他方面没有逻辑的从属。

■ 开始不迟于：该限制指定了事件开始的最迟可能日期，但事件可以在该指定日期当天或之前开始。

3.8.48　固定的限制

3.8.48.1　这类限制抑制进度表对变化做出反应，因此必须禁止使用。它们是：

■ 必须结束于：该限制指定了事件必须结束的日期。它优先于其他进度参数，例如事件从属、引领、滞后和资源分配。

■ 必须开始于：该限制指定了事件必须开始的日期。它优先于其他进度参数，例如事件从属、引领、滞后和资源分配。

■ 零总浮动事件：该限制的作用是将早日期和晚日期设定为相同，使事件及其控制的前导事件和继任事件成为关键。

■ 预计结束于：该限制指定一个未来的结束日期到数据日期的右侧。它的作用是改变事件的持续时间，跨度在早结束日期和预计结束日期之间。

■ 项目强制结束于：一些进度管理软件允许结束限制不仅作用于事件，还能作用于整个项目。该限制的目的是决定项目的最迟允许结束日期。除了电子审查进度表的建立，该限制通常以一种无法察觉的方式建立。

3.8.49　固定限制组合

3.8.49.1　固定限制组合也会抑制进度表对变化做出反应，因此也必须禁止使用。它们是：

■ "开始不早于"和"开始不迟于"的限制组合在同一天；这相当于零总浮动的效果。

■ "结束不早于"和"结束不迟于"的限制组合在同一天；这也相当于零总浮动的效果。

3.8.50 浮动

3.8.50.1 浮动发生在关键线路的网络中，是根据事件持续时间和逻辑顺序而计算得到的结果。指定的非工作时间（例如那些被标识为宗教、行业或法定的假日，以及周末）不是浮动，也不能看作是浮动。

3.8.50.2 与浮动的种类和数量一致，浮动中的事件能够在它们开始和结束的日期吸收一定程度的灵活性，而不影响关键线路。但是，因为在任何时间的浮动不是固定的，且工程合同通常不会为了任一方的使用而长期保留浮动，所以浮动的可利用性在一些或甚至全部的网络事件上，不应看作是应急计划的替代品。

3.8.50.3 浮动的程度将会因为资源平衡分配或应急计划的引入而减少。

3.8.50.4 在关键线路网络进度表中有三类重要的浮动。图 27 描述了它们与事件和完工的关系。

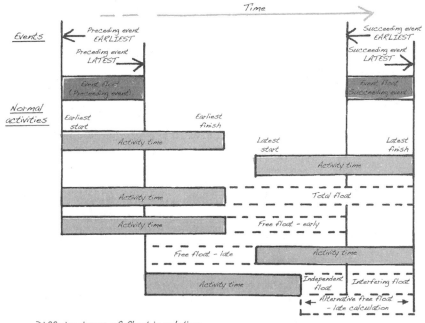

图 27 与事件和完工相关的不同浮动种类

3.8.51 自由浮动

3.8.51.1 自由浮动是一个时间区间，在该时间区间内，事件可以移动而不影响任何其他事件。

3.8.52　总浮动

3.8.52.1　总浮动是一个时间区间，在该时间区间内，事件可以移动而不影响相关的完工日期。

3.8.53　负浮动

3.8.53.1　负浮动是一种现象：某个事件被逻辑的安排在某个日期发生，该日期迟于限制允许的强制日期。

3.8.54　风险和应急准备

3.8.54.1　应急计划是一种减小突发事件影响的发展策略，突发事件可能在开工和竣工之间的任何时间发生，从而干扰项目的顺利运行。应急准备是有计划的时间分配，用来缓解突发事件的干扰。

3.8.54.2　因此，成本预算通常以相同的方式分配一项资金，叫作"应急准备金"，业主依靠"应急准备金"，来应对未知的额外工作。进度表必须已经战略性地设置了应急事件，以吸收突发事件的时间影响，这些突发事件是业主在合同下的风险。

3.8.54.3　一个谨慎的承包商会准备津贴以应对管理和资源分配中所承担的风险，不同环境下变化的生产力，以及工程质量。

3.8.54.4　只有风险后果的合同负责方[8]能够有效地确定所需应急准备金的数量和分配。因此，合同需要明确谁是风险后果的合同责任方，相应的谁该拥有应对风险的应急准备金。

3.8.54.5　关于事件是否被安排得尽可能早或尽可能迟，一些进度管理软件提供默认的选项。另一些软件默认一种或另一种。当事件被安排得尽可能迟时，用于缓冲结束日期的应急准备期能够安排事件的计划开始日早于另一种情况。其结果是利用应急准备期吸收一定程度的完工延迟。

3.8.54.6　规定的非工作日，例如行业或法定假期、周末，并不是应急准备期，也不能当作应急准备期来利用。

3.8.54.7　设计应急准备期时应该区分业主和承包商的不同风险，这些风险与以下内容有关：

■　事件或事件链；

■　承包商、分包商、供应商或其他资源；

■　进驻日或离场日，或占有日，或拥有权转让；

■　分段项目或分部项目。

3.8.54.8　附录1列举了那些一般风险；对于这类风险，应急准备期可以合理地分布，以应对一个或多个事件链可能占据的时间。合同中应该明确什么风险由谁承担。特殊合同类型和操作条件衍生出的特殊风险，也需要应急准备期。

---

8. 在理想状况下，该方最能处理风险后果。

3.8.54.9　还应该提供应急准备期来应对以下事件的完工延误：

■　整个工程；

■　分段工程完工日；

■　关键日期；

■　任何承包商、分包商或供应商的完工日。

3.8.55　低密度下的应急准备

3.8.55.1　有关量化风险这个话题，项目管理指南中已经阐述了很多。该著作的目的不是重现这些内容，但是进一步可以参考：

■　项目管理学院著作

■　项目管理协会风险管理指南

3.8.55.2　在最低密度时，为了应对进度表的未知领域，应急准备期可能是最长的。因为在该密度下缺乏精确度，独立分配的应急准备期可能都用调整公式获得。

3.8.55.3　在该密度下，其中一种识别应急准备的方式是使用公式法，例如蒙特卡罗分析，向假定的事件分配一个额外的时期。蒙特卡罗算法会不断随机为变量产生值，从而为应急准备期建模。

3.8.55.4　为了让蒙特卡罗模拟到达合适的应急准备边际，一个范围的日期或持续时间必须被赋予到每一个计划事件中。在这些范围内，对于每一个迭代，指定的数学模型会随机为每一个事件周期选取值。

3.8.55.5　为了每一个迭代，从线性到抛物线发展，有许多方法可以将一系列值分配到事件中。但是，对于每一个项目事件的前提假设通常是"三角形分布"；该分布被描述为三角形的原因是，任务时间概率图的形状就是三角形。

3.8.55.6　例如，图 28 所示的三角形分布表示，任务最少持续时间为 8 天，最可能持续时间是 14 天，最长持续时间是 24 天。

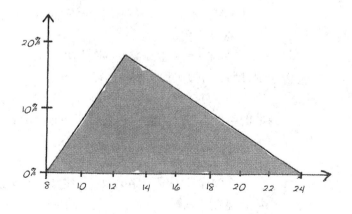

图 28　时间风险的三角形分布

3.8.55.7　从图 28 中可以观察到，持续时间为 14 天的概率大约为 18%，17 天的概率大约为 11%，少于 8 天或大于 24 天的概率为 0。

3.8.55.8　对以上分布的描述可表达为"该任务很可能持续 14 天，不可能持续多于 24 天，也不可能持续少于 8 天。该任务很可能持续在 12 天到 16 天之间"。

3.8.55.9　为了应用应急准备，事件持续时间将会是 16 天，或者 14 天的任务加上 2 天的应急准备期。因为这是由公式计算得到，而非参考具体风险；在该密度水平下，必须认为是应对双方全部风险的理论应急准备期。

3.8.56　中密度下的应急准备

3.8.56.1　在该密度下，只有很少的余地用理论公式计算来应对未知和未量化的风险。

3.8.56.2　在该密度下，应急准备必须清楚地分配给一方或另一方。且必须有为业主分配的应急准备。

3.8.56.3　在该密度下，风险应该被清楚地识别，且在计划方法声明中对于允许风险概率的方式作出合理解释。

3.8.56.4　对未知风险的津贴应该在该密度下显示，例如主要成本和备用款（根据相关测量方法标准的解释，承包商不需要测量）、大致数量，以及用于其他财务应急准备金开销中所占据时间的津贴。

3.8.57　高密度下的应急准备

3.8.57.1　仅仅因为预测期简短，高密度下需要考虑的风险会明显少于其他密度下。

3.8.57.2　在该密度下，应急准备必须清楚地分配到一方或另一方。必须存在分配给业主的应急准备，且每一个应急准备都必须在计划方法声明中被清楚地证明合理。

3.8.57.3　在该密度下，需要允许存在合理的风险，例如恶劣天气，不可预见的地面环境、设备和第三方项目、车间停产，返工或罢工，但是该阶段不需要设计风险应急准备或隐含的变量。

3.8.58　关键线路

3.8.58.1　关键线路是一条最长的事件工序，从开工到完工（关键日期，分段工程，全部工程）。与每一个相关，它是需要最长时间完成的事件工序，或者换一种方式来说，它是决定最早可能结束日期的事件工序。因此，它表示那些时间沿着一个路线及时地开始和结束，这个路线确保按时完工（关键日期，分段工程，全部工程）。

3.8.58.2　随着事件开始或结束日期的改变，或者突发事件影响了工作顺序，关键线路会改变：增加一些本来不关键的事件，或者从关键线路中删去一些曾经关键的事件。因此，对于关键线路的识别，以及如何理解用于识别的计算和设置，是时间管理过程中十分重要的第一步。

3.8.58.3　对于每一个线路，根据所有事件的持续时间和事件之间的逻辑关系。进度管理软件计算事件的计划日期。计算分两步：第一步（向前）从进度的开始端出发一直到结束端，根据逻辑计算每个事件最早的开始和结束日期；第二步（向后）从进度的结束端出发逆行到开始端，计算事件的最迟开始和结束日期。

3.8.58.4　当进度管理软件确定事件的开始或结束的最早和最迟日期相同时，它表示事件和事件之间的逻辑是关键的，并识别到事件的开始、结束和整体必须按时完成，以用最短的时间完工。

3.8.58.5　当最迟开始和结束日期晚于最早开始和结束日期时，进度管理软件会计算差值并把这个差值定义为自由浮动。浮动可以抵消工作过程中的滑移，直到最早和最迟日期相等，此时事件的开始或结束将成为关键。

3.8.58.6　当某个完工日期被强制限制（或者和其他灵活限制的组合，其效果一样）固定时，且事件的最早开始或接受日期晚于限制固定的日期,进度管理软件会显示这些事件的总浮动小于 0（负数），这说明可以预测完工日期的延误。在该阶段，根据剩余的待完工事件数量，更高的关键性发生率会很明显，但不绝对。

3.8.58.7　因为不同的进度管理软件有不同的进度设计算法，并以不同的方式处理冲突、限制、日程表，所以即使用相同的数据，不同的进度管理软件依然会预测出不同的关键线路。相应的，识别关键线路需要理解软件在制作计算结果中使用的方法和算法。

3.8.58.8　浮动会被资源平衡的结果所削减，这可能会影响对关键线路的计算。关键线路的总浮动值不会一直相同，因为资源限制、所采用的日程表和进度设计方法的影响。因此，不建议仅用浮动值来判断关键性。

3.8.59　计划方法声明

3.8.59.1　计划方法声明，是对项目各部分的时间管理策略、计划逻辑和进度计划假设的书面描述。计划方法声明用来帮助控制操作，并确保各参与方对于设计和进度计划的方式及其原因有一个清晰的理解。

3.8.59.2　一旦开始实施对提议操作的风险评估，计划方法声明会确立用于工程各个阶段的方法背后的原因，并列出进度事件中包含的各个工作已建立事件逻辑的基础。

3.8.59.3　每一个关键日期、阶段或分部项目完工日期的最长路径应该用较短的篇幅表述，并通过进度管理软件或绘图来总结。

3.8.59.4　进度方法声明必须和进度表一起被审核、修改和更新。进度方法声明的具体细节应该和进度密度保持一致。

3.8.60　低密度下的方法声明

3.8.60.1　在该水平，计划方法声明可能包含：

- 实施工作的描述：包括设计、采购、发展战略和限制；
- 第三方和周边兴趣和交界面；
- 风险评估和风险识别（例如在鱼类繁殖期影响河流交汇的工程，冬季和资源敏感天气循环时的土方工程）的方法描述；
- 风险应急准备评估；
- 根据进度表中事件 ID 代码的事件描述；
- 工作分解结构；
- 包含工作日和节假日的日历表；
- 一般资源和资源限制；
- 所需许可证和执照，以及相关申请和从属物的预计决定时间；
- 材料和设备的限制和获取；
- 设备、第三方项目和执照的获取，以及限制，如停电；
- 进度审核、修改、更新的方法；
- 事件代码的应用；
- 成本代码的应用；
- 项目阶段和区域关系的具体细节；
- 主要施工方法；
- 主要设备要求的具体细节；
- 现场管理、逻辑假设、现场财产、临时工程，包括脚手架、进入和交通管理；
- 健康和安全；
- 环境因素；
- 主要采购方法和影响；
- 工期预计方法；
- 假设工序逻辑和逻辑限制解释；
- 关键日期、分段完工和整体竣工日期的关键和次关键线路的描述；
- 报告格式、交流策略和信息的形式。

3.8.61　中密度下的方法声明

3.8.61.1　该水平下，更多细节会被添加到低密度进度表所提供的概括信息中，包括任何信息添加、删除、修改或提炼。具体包括：

- 明确的专业承包商、分包商和供应商；
- 关键行业界面管理策略；
- 设计采购界面管理策略；
- 有限的占有；
- 计划的加班时间；

■　临时交通改道和设备检修停工期；

■　所需资源和资源限制；

■　材料和设备限制和获得；

■　设备、第三方项目、执照和限制，例如停电；

■　进度审核、修改和更新；

■　预测工期的方法；

■　设备要求细节，以及预测生产力、停工期和检修。

3.8.62　高密度下的方法声明

3.8.62.1　在该水平下，计划方法声明会进一步细化到实施事件的短期细节，包括对中密度计划方法声明的信息添加、删除、修正和提炼。它还包括对以下内容的定义：

■　采用的资源；

■　预测的生产力系数；

■　事件工期的具体计算；

■　施工的具体方法；

■　设备要求、生产力、停工期和检修的具体细节。

3.8.63　质量保证

3.8.63.1　因为完善的合同管理、按时完工和项目的经济效益最终依赖进度的整合，所以必须确保计划策略和进度是合理和实际的。

3.8.63.2　质量保证审计最好由独立第三方实施，与项目和项目参与方都没有关系；没有任何隐含的知情可以帮助确保问出正确的问题，以及给出合理和可理解的回答。

3.8.63.3　第一次生效应该在最初开工时开展。

3.8.63.4　进度的质量保证和整合由起始的进度开发生效和持续检查进度的审核、修改和更新来实施，这能针对工作内容和实际表现审计实时数据库的准确性和完整性

3.8.63.5　在任何工作阶段开始前，应该对工作进度开展后续更细致的审计。

3.8.63.6　应该注意，两次审计之间的周期越长，就需要越长的检测时间，以及发现错误时越严肃的态度。因此，根据实施工作的性质，最多两到三个间隔的报告周期，就需要开展一次详细的针对修改和更新的审计。

3.8.63.7　通常，生效的范围包括对以下内容的检测：

■　可建造性

■　进度内容

■　进度完整性

3.8.64　可建造性审核

3.8.64.1　该审核通常包括对合适度的评估，以及进度表已经实

施的计划方法声明的程度，具体如下：

- 业主要求
- 设计和专业设计的整合
- 质量规范
- 采购
- 施工
- 健康和安全
- 环境因素

3.8.64.2 审核可建造性的目的在于减少因错误或疏忽导致的干扰事件的发生概率，并评估针对延误发生的应急准备合理性，这是因为开工前没有识别的错误或疏忽。

3.8.64.3 评估在纪律和项目种类的经验对于任务的完成至关重要，因为这就是经验的结果：在施工前就能识别潜在的困难区域，并能避免过去类似工程的失败原因。因此，成功的可建造性审核，涉及对广泛的施工专业的考虑，包括：

- 设计
- 规范
- 生产信息
- 采购
- 成本预算
- 进度管理
- 信息管理
- 质量保证
- 健康和安全
- 环境因素
- 可持续性
- 能源

3.8.65 审核进度内容

3.8.65.1 进度必须说明一个现实和实用的项目计划，以一种适合其密度的足够精确的方式显示项目是如何计划的。

3.8.65.2 它包括审核具体的事件、事件的合理持续时间，以及工作的计划顺序。工作事件的逻辑和顺序应该反映项目是如何计划建造的，以及各种事件是如何相关联。审核进度内容的主要目标是，确定项目进度包含必要的信息使其适合计划目的，且信息准确、逻辑和可实现。

3.8.65.3 该审核的目的是确定，对于任何给定的密度，计划方法声明和进度充分描述了计划的时间模型是什么。审核包括如下内容：

- 计划策略、方式、方法和假设；
- 工作分解结构；
- 代码结构；
- 预算资源、生产力和工期；
- 工程逻辑、资源逻辑和优先逻辑；
- 承包商、分包商、工作包逻辑、生产和空间限制；
- 限制：里程碑和实施时间；
- 成本代码、预算和收入；
- 日历表；
- 设计制造、采购和交付时间；
- 提交和批准进度；
- 风险注册和应急准备；
- 关键日期、分段完工日期和整体竣工日期的关键线路。

3.8.65.4　当完工数据被整合入更新时，审核还包括以下内容的生效：

- 提交和批准注册；
- 完工和工作数据；
- 效果和生产力数据；
- 成本预算和收入。

3.8.65.5　当干扰事件发生时，审核还包括以下内容的生效：

- 事件注册；
- 事件提要；
- 影响的方法和计算的效应；
- 每一个关键日期、分段和整体完工日期的关键线路；
- 修复和加速策略和提议；
- 修复和加速检测。

3.8.66　审核进度的完整性

3.8.66.1　该审核的目的在于确立进度和计划方法声明对于某类密度的完整性是合理的，且进度会对变化做出动态回应。

3.8.66.2　许多进度管理软件具有扭曲进度表或隐藏其不足的功能。对于缺乏经验的操作者，这可能导致进度表隐藏了逻辑、工期、进展或内容上的缺陷，最终可能太迟才发现缺陷，以至于无法做出必要的修正。

3.8.66.3　因此，审核进度完整性的目的是确保进度表能够发挥时间模型的作用，且能在任何时候被稳定和安全地使用，以预测活动或非活动的后果。

3.8.66.4　进度的完整性对于预测后果至关重要，因为它是计算任何干扰事件影响的骨架，以及估算正确行为功效的基准。如果工作进度表不能对变化做出动态回应，或者不能做出逻辑回应，那么它的计算很难帮助识别起因和结果，或者预测工作的未来实施。

3.8.66.5　因此，审核进度完整性的过程是通过检测进度表来识别任何可能抑制其时间模型作用的瑕疵。大体上，审核包括对以下内容的调查：

- 限制和限制种类；
- 逻辑：
  - 开口端
  - 长滞后
  - 负滞后
  - 阶梯
  - 进度选项
  - 关键线路

3.8.67　审核限制

3.8.67.1　任何被定义为关键的事件链，但并不在进度开始时开始和结束时结束，它们被描述为关键的唯一原因是有一个手动添加的限制做出了这样的规定。

3.8.67.2　因为这类限制扭曲了浮动计算，因此，关键性、所有非灵活限制和具有非灵活特性的限制组合应该被移除。

3.8.67.3　应该移除所有其他手动添加限制，替换为可能的逻辑连接。

3.8.67.4　当限制应用到合同里程碑日期时，例如业主提供项目或批准，这类限制不应被逻辑连接到网络结构中。另一方面，根据需要，一个没有限制的重复里程碑应和事件们逻辑连接。在这种情况，使用"开始不早于"限制对于合同日期是合适的。对于和网络结构逻辑连接的里程碑，零自由浮动加上一个合适的滞后（如果需要）是十分有用的，可以帮助里程碑随着事件时间动态移动。

3.8.68　审核开口端

3.8.68.1　开口端有时指悬挂。必须识别和修正那些没有前导事件连接开始（前端开口），或没有继任事件连接结束（尾端开口）的事件。

3.8.68.2　因为许多进度管理软件只将那些没有前导事件或继任事件的事件识别为开口端，而忽视了那些没有前导事件连接开始（前端开口），或没有继任事件连接结束（尾端开口）的事件；所以为了查明不完整逻辑的可能性，需要对每个事件审核自由浮动值（例如，一个只有开始到开始链接的事件可能不会被进度管理软件确定为具有开口端的事件，尽管它的结束端没有闭合的逻辑）。

3.8.68.3　当事件是标识项目开工的开始里程碑时，它没有逻辑的前导事件；应标识和逻辑添加其他前端开口以将它们移除。

3.8.68.4 最终，每个事件的完工是竣工的先决条件，所有后端开口必须移除。

3.8.69 审核长滞后

3.8.69.1 滞后代表继任事件发生前的障碍，既能看作是前导事件的一部分（阻碍了继任事件的进行），又能看作是非计划的事件（例如混凝土养护）。

3.8.69.2 常常会错误地使用滞后，特别是对于非现场采购，或非进度制作者实施的事件，或它们被用来代表未知工作领域（只有当信息到手时才能细化），但是这些是应避免的操作和应修正的逻辑。

3.8.69.3 在进度更新时不能修改滞后；因此应该用一个完整的事件替换滞后。

3.8.69.4 如果任何滞后所占的时间超过与它连接的最短事件的一半持续时间，这通常表示存在错误逻辑，需要彻底调查。

3.8.70 审核负滞后

3.8.70.1 这些用来证明未来事件的工期将决定过去事件：不可能实现的工序。

3.8.70.2 因为负滞后会扭曲浮动计算进而影响关键性，所以负滞后对于时间模型是致命的，时间模型取决于它显示结果的逻辑关系。

3.8.70.3 应该移除负滞后，并用合适的逻辑替代。通常，应将前导事件分解为两个事件，从而将逻辑分解为结束到开始，联合一个开始到开始和结束到结束逻辑。

3.8.71 审核阶梯

3.8.71.1 阶梯是一组三个或三个以上事件的序列，所有事件都连接开始到开始和结束到结束逻辑，具有推进或准推进关系。因为在建筑工程中这类重叠结构十分普遍和有效，特别是在中低密度的进度表中，理解软件如何在这种情况下工作对于时间模型的有效性十分关键。

3.8.71.2 但是，取决于使用的软件和它配置的方式，在阶梯中缩短或延长某事件的工期可能产生荒谬的结果，在时间上将其继任事件向前推进（见图 29）。

3.8.71.3 原因是，如果推进开始逻辑、事件工期和推进结束逻辑之间不一致，许多进度管理软件会把优先权给推进结束逻辑[9]。另一方面，一些进度管理软件为事件工期取得优先权而提供备选设施，通过将它们描述为间歇而非连续的，或为指定的阶梯事件提供设施，

---

9. 如果软件允许，这可以通过向最关键事件建立浮动计算来避免。

例如它们以一种反馈的方式实施，以致继任阶梯事件的进行与前导事件保持等比例。

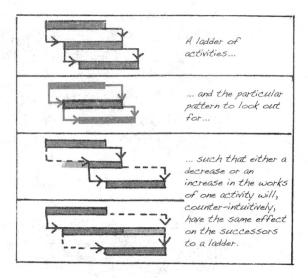

图 29 阶梯问题

3.8.71.4　应该调查阶梯，且当软件无法充分处理阶梯时，应将它们分解成更为细化的组成事件。

3.8.72　审核进度安排选项

3.8.72.1　必须审核进度管理软件所采用的进度安排选项，以了解进度实施和计算的方式。

3.8.72.2　识别事件工期是否是基于可中断的或连续的事件工期。计算事件工期的常规默认方法是连续的。

3.8.72.3　检查进度安排方法是否进行重写或保留逻辑。

3.8.72.4　考虑滞后是否从早开始或实际开始计算。

3.8.72.5　审核计算总浮动的方法。

3.8.73　审核关键线路

3.8.73.1　有必要审核所有关键线路，从开工到竣工的每一个关键日期、分段完工、分部完工或整体完工日期。

3.8.73.2　如果一个完整的线路不能从完工追溯到开工，原因将是进度中的限制扭曲了逻辑或非完整逻辑。

3.8.73.3　遗漏的逻辑应被添加，如果进度中有限制，限制应被移除并用逻辑替换（如果可行）。

3.8.73.4　任何关键线路上的事件百分比会根据进度密度而变化。通常，在低密度，50%进度可能是关键的；而在中密度，15%事件可能是关键的。如果有重大的偏差，应该调查其原因。

3.8.73.5　理论上，关于所有关键线路应和业主、设计团队和项目管理团队一起深入地审核与讨论，以在进度发生变化的之前和之后都能获得理解。

3.8.74　修正备案

3.8.74.1　所有促进进度成为时间模型所需的修正都必须证明合理，且以修正记录的形式备案。每个所需的修正都应清楚简洁地备案，当结束后，修正的行为也应记录以供审核。

3.8.74.2　所需修正的结果和影响应在计划方法声明中做出相应修正。

第 4 章 管理时间模型

4.1 引言

4.1.1 总而言之，管理时间模型就是管理进度的过程，涉及：

■ 对设计进度的假设进行审核和修正；

■ 生产记录的收集；

■ 检测实施中的工作；

■ 更新进度；

■ 识别干扰事件；

■ 影响进度表；

■ 实施复原和加速；

■ 修改计划方法声明以记录变化的内容和原因。

4.1.2 业主和他的专家团队有权知道承包商迄今为止所完成的内容，以及各种关键日期和合同竣工日期的完成是否符合目标。因此，工作进度表不仅仅是表现承包商意图的进度表，还是业主和设计团队的基本管理工具，因为它提供：

■ 涉及时间和他们持续责任界面的必要信息；

■ 授权承包商做出时间调整的计算机制。

4.1.3 为了实现目标，时间模型管理取决于工作进度的质量，以及吸收和整合管理过程中收集到的信息的能力。因此，进度管理方有责任确保进度的强健和准确。

4.1.4 随着获得的信息更加完善，必须修正进度表以整合新的信息。修正不等同于更新，也不是干扰事件的影响。它是一个对变更的接纳过程，基于之前的假设：在项目的开展过程中，合同工作的计划会更完善，获得的信息会更准确。

4.1.5 图 30 流程图阐明了在进度管理过程中，不同水平的进度修正、检测、更新和影响之间的关系。

4.1.6 更新进度的目的是考虑实际完成的进度，以确保未来的工作进度准确地参考了之前发生事件的影响，从而预测接下来将完成的内容，完成的时间，以及涉及的资源。这对于有效的资源管理是十分必要的。

4.1.7 时间管理的过程必须包含准确的记录保存，特别是对于过程。这类信息为保证预测提供了必要的数据，计算变更的影响和吸取的经验。良好记录保存的其他关键方面是帮助计算干扰事件的影响：

- ■ 进程和未来施工；
- ■ 在一个或多个关键日期，以及完工日期；
- ■ 一个或多个合同，以及分包合同。

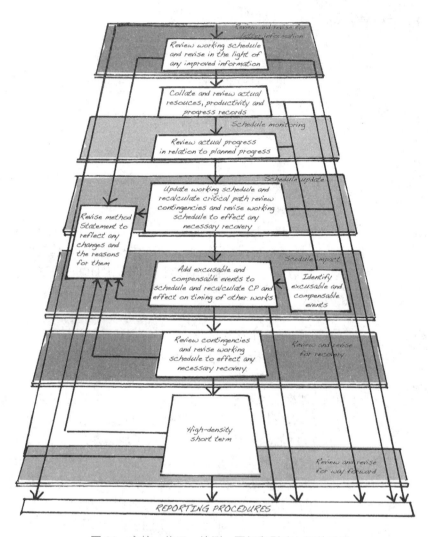

图 30　审核、修正、检测、更新和影响之间的关系

4.1.8　假设进度表是最新的，就能用它识别干扰事件的发生和最终影响。

4.1.9　所有复杂项目都会不时受到干扰事件的影响。然而，通常不可能预测干扰事件的发生时间，或者当它们发生时会有怎样的后果；除非快速计算出结果且及时采取正确的措施，否则时间无法有效管理。

4.1.10　因此，当有相关时，时间模型也能识别和量化（与合同条款有关）各方延长工期和违约金的权限，以及干扰和延期的时间补偿。

4.1.11　当进度已经被干扰事件严重影响时，也能使用时间模型管理变更的影响，例如，分配和重新分配应急准备，识别替换方案（缓解、复原或加速）的影响，以及对于过程变更的补充协议。

4.1.12　最后，进度表能用来识别实际的工序，资源和工期，这能帮助以后改善时间模型的预测能力。

4.2　进度审核和修改

4.2.1　审核不代表一定会有修改，但经验告诉我们：对于大型复杂项目，除非是在快完工的最后几周，审核的结果很有可能是对计划的部分内容的修改。

4.2.2　一个有效的时间模型管理的过程通常涉及对以下内容的审核和修改：

■　关于合同要求的改进信息；

■　随着进度密度提升的资源和生产力。

4.2.3　管理审核和修改的过程

4.2.3.1　审核和修改进度表必须是项目团队正式管理程序的结果。

4.2.3.2　在开始任何审核之前，应首先备份工作进度表，以存档修改前的进度表，于是修改后的进度表将被保存为新的工作进度表。

4.2.3.3　在修改的过程中，应对变更和变更的原因保存好审计追索，它们应被记录在计划方法声明的更新中。

4.2.3.4　一旦完成所有变更，应重新计算关键线路，在计划方法声明中备注和记录结果变化，并相应通知项目各方。

4.2.4　审核的一般内容

4.2.4.1　方法变更

4.2.4.2　考虑到对时间、成本、质量和风险的潜在影响，以及对合同条件的违反（例如，在业主指导下建筑施工合同的传统设计转变为设计加建筑，很可能会影响项目的各个阶段），应该谨慎地探索和思考方法的改变。

4.2.4.3　重复事件

4.2.4.4　实际生产力的趋势来自完工的生产力数据，应被用来核实剩余事件的计划进度。如果发现了计划和实际记录之间的偏差，应对工作进度做出调整以缓解偏差。关于打桩之类的活动，应分析每个钻探设备的生产力（以确定可实现的最佳桩周期和任何偏差的影响）。于是就能用已证实的实际生产周期来核实剩余打桩工作的计划持续时间。

4.2.4.5　如果发现已完成的生产力不足以维持进度，应及时对计划资源或工序做出调整，以使工作回到既定进度上来。

4.2.4.6　重复顺序审核的优势之一是，一旦出现干扰生产力，已证明的最优生产力可作为最好的基准来计算干扰事件的影响。

4.2.4.7　事件描述变更

4.2.4.8　事件描述的范围取决于设计进度表时的不同密度。在低密度时，进度表包含广泛的描述，当在中高密度时，进度表的事件描述具体且独立，涉及单一工作包中的事件。任何审核和修改应考虑到不同的密度，确保描述符合它们的目的。

4.2.4.9　审核事件描述应考虑到以下问题：

■　是否准确描述了事件，其范围和意义是否明确，是否易于理解并和其他描述保持连续？

■　事件或事件组是否匹配计划方法声明？

■　什么导致了事件描述的变更？

4.2.4.10　事件时间变更

4.2.4.11　事件时间必须在工程的所有阶段都被定期审核和更新，以确保它们足够准确地反映事件的完善信息（例如分包商预测了资源和输出数据），增加或削减的内容，资源的可获性或变化的生产力系数。

4.2.4.12　逻辑变更

4.2.4.13　和事件时间一样，逻辑对于准确的时间模型也很重要；因此必须记录所有逻辑变更。在任何阶段，对逻辑的审核和修正可以改善时间线路和资源利用，以及解决资源可获性的问题（成本、材料、设备、人工、工作空间等）。

4.2.4.14　审核和修正逻辑的进度表水平会有不同程度的影响。在低密度进度表中的逻辑变更是基本的，中密度下只能影响相关工作包，而高密度只能影响个别事件。

4.2.4.15　成本概况变更

4.2.4.16　在项目设计阶段，进度成本变更能被彻底实施，作为前景设计过程的一部分，从而最大化资源的有效利用。成本的审核和变更可能与进度的整体审核紧密相关，当发生在工作进度阶段时应仔细分析其影响，特别是在有合同问题的地方（例如，应考虑有关临时估算的进度成本影响）。

4.2.4.17　审核成本是如何分配的，是否根据单位费率、总效应或总金额，以及成本被分配到哪里，是否根据事件或资源。检查针对 WBS 的成本中央校准线。

4.2.5　结果变更

4.2.5.1　浮动变更

4.2.5.2　其他修正的结果，特别是时间、逻辑、资源水平的修正，将会对浮动值有影响。但是，不能利用限制来改变浮动值。

4.2.5.3　关键线路变更

4.2.5.4　在项目的全寿命周期中，关键线路的变更不可避免；因此需要审核来确定进度表各个部分和关键线路变更的影响。

4.2.5.5　关键线路和其中的各个事件应让有经验的审核者易于理解；因此审核变更后的关键线路以确保工序、逻辑和时间的是否恰当，这点十分重要。

4.2.5.6　需要意识到选择的进度管理软件在时间和资源分析计算的局限性，以及软件显示的关键线路的可靠性。

4.2.5.7　关于浮动，需要允许关键线路可以自我管理，并成为当前进度表的数学计算。不该使用限制或缺陷逻辑，例如插入负滞后操纵浮动。

4.2.5.8　从审核和修正后的关键线路到之前关键线路的变化将反映性质、时间和事件逻辑变更的后果。

4.2.5.9　关键线路可能由多条逻辑束组成，以及其他平行的事件；应检查总浮动少于 10% 持续时间的事件。

4.2.5.10　应特别注意有可能超过合同完工时间的任何线路。

4.2.5.11　另外，有必要审核促成所有关键日期和独立合同或分包合同完工的事件。

4.2.5.12　在审核修正的关键线路时应考虑：

- 逻辑（包括前导和滞后）
- 事件时间
- 浮动
- 未到期应急准备
- 资源水平
- 限制
- 计算方法

4.2.6　审核更完善的信息

4.2.6.1　通常，进度表需要注意的地方涉及：

- 设计
- 采购
- 工作内容
- 剩余短期工作

4.2.7　更完善的设计信息

4.2.7.1　需要检查、审核并修正的事件涉及：

- 设计方法
- 专家输入
- 绘图和信息控制
- 提交
- 批准

4.2.8　更完善的采购信息

4.2.8.1　需要检查、审核并修正的事件涉及：

- 采购
- 工作包定义
- 数量清单制作
- 投标评估
- 合同与动员

4.2.9　工作内容优化

4.2.9.1　需要检查、审核并修正的事件涉及：

- 总成本费用
- 临时费用
- 预计数量
- 设备可获性
- 施工方法
- 施工资源和生产力
- 测试和交付

4.2.10　审核短期工作

4.2.10.1　需要检查、审核并修正的事件，在进度表的短期资源和高密度部分。

4.2.10.2　资源审核（例如人工、设备和材料等）包含一个重要组成部分，确保最高效地完成项目目标。应从以下方面审核资源：

- 适合性
- 类型
- 可获性
- 输出
- 成本

4.2.10.3　尽管对资源类型的最佳决策时间是项目的早期设计阶段，在任何阶段审核资源都能帮助制作最高效的进度表，并且这对开发短期高密度进度表是必需的。

4.2.10.4　为了从中密度转换到高密度，施工人员和管理团队之间的紧密协调是必需的。应为工作准确地设计进度以反映劳动力的目的，且劳动力计划根据分配的资源执行工作顺序。因此，在完成审核之前，施工各方有必要表达他们的信心；当没有发生干扰事件时，他们能生产所需的资源，完成期望的生产力，且利用所需的界面工作计划的工序。

4.2.10.5　当利用资源工作时，需理解进度管理软件是如何分析资源利用的。特别要注意在超负荷时，项目完工日期是否能保持不变，资源增长是否会超过限额，项目完工日期是否会发生改变以反映在分配资源下完工所需的时间。

4.3　记录保存

4.3.1　引言

4.3.1.1　不能被检索的记录是无用的。因此，记录保存的过程和记录检索的过程是相连的。为了确定保存记录的有效方法，必需考虑记录是如何检索和使用的。

4.3.1.2　数据库和电子表格增长的速度和复杂程度，有利于建筑行业便捷的归类和删选数据，只需按键就能制成特定的报告；现在仅有纸张保存记录的方式已经不适用了。除非在一开始就以数据库的形式保存记录，否则数据需要被重新键入数据库以供检索和利用。

4.3.2　电子表格记录数据

4.3.2.1　使用电子表格的目的是便于简单地删选、评估和报告，通过电子输入数据库。

4.3.2.2　如果使用电子表格，必须用标准软件保存和展示记录，已使信息能被自动输入数据库，无论在起始阶段或后续过程都不需要重新键入。

4.3.2.3　这需要：
- 每一个事件标识都占据一条独立的线路；
- 与标识有关的信息占据和事件相同的线路；
- 信息的每一项在报告和报告之间一致地占据独立的单元。

4.3.3　数据库记录数据

4.3.3.1　复杂项目需要有效的记录管理，这只有通过数据库才能合理实现，满足访问需求。正是数据库中的关系促进组织和删选的审核，以及信息复原（通过每一个记录域中的域和值）；这使它成为最有效的记录保存方法。

4.3.3.2　在这类数据库框架中保存记录的优势有：
- 储存记录的电子格式可以为记录输入和读取提供广泛的通道；
- 每一个储存记录附有合适的标识以便组织、删选、审核和报告；

■ 能够控制记录标识和内容来避免随意和误导的记录输入；

■ 能够建立背景核查以防止记录错误，例如对人工和设备的重复输入和过多时间；

■ 只输入一次信息，却能被分组和报告已适合各种输出要求；

■ 记录本身能被监控，从而确保它们以所需的方式被维护。

4.3.3.3 然而，用数据库维护记录最重要的优势是，它们的内容从一个统一的资源中被提取，因此，数据库生成的所有报告、摘要和总结将保持一致。

4.3.3.4 图 31 是一张记录工程事件的简单数据库的关系图。该数据库在三个域记录数据："事件任务"、"何时完成"以及"什么资源"。

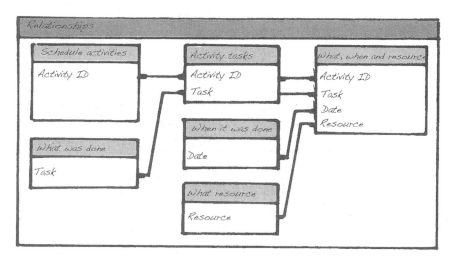

图 31　简单数据库关系

4.3.3.5 两个域，"进度事件"和"完成内容"，为"事件任务"提供数据；每个叫作"事件任务"、"何时完成"和"什么资源"的域能够为一个表格提供信息，该表格叫作"什么、何时和资源"。

4.3.3.6 每张表格十分类似电子表格。例如，当在数据库打开时，"什么、何时和资源"表格以图 32 的形式显示。

4.3.3.7 数据库还包含审核和报告功能以便按任何标准搜寻和归类数据。

4.3.3.8 设计数据库时要考虑为记录输入提供一个易于使用的格式。图 33 是输入信息的一种简单格式。

4.3.3.9 尽管这种简单格式的主要目的是记录与进度事件有关的消耗资源，也可能改进这个简单模型为所有项目文件、通知、测试记录、通信、时间和问题等维护记录提供合适的数据库（见图 34）。

What, when and resource				
Activity ID	B00170			
Activity description	Reduced level dig			
Date 17 June	Task	Resource	No. of	hours
	Cart to tip	Dumper	1	4
	Cart to tip	Machine operator	1	4
	Excavate	Excavator	1	4
	Excavate	Machine operator	1	4

图 32　什么、何时和资源表格

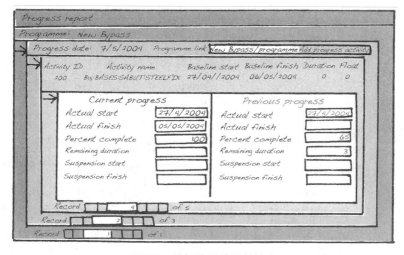

图 33　数据输入的简单格式

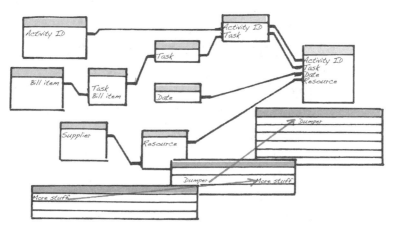

图 34　包含供应商数据和数量清单数据的数据库

4.3.3.10 当数据库基于网络时，它能被其他人使用，且许多项目使用广泛区域的网络。这种形式可以由外联网操作，它需要有访问特定用户组的特别授权，或者有特定用户授权的公司互联网站。

4.3.3.11 然而，网络图并非介入数据库的唯一方式。这种形式可能直接连接从各种资源储存记录的服务器。如果使用邮件形式介入数据库，就需要一个电子数据接收体系将邮件数据转入数据库。例如，一个专用的邮箱地址通常是通过自动程序建立的，由收入邮件引发。这种数据库可以有网络数据库的所有完整约束，并能自动回复以警告潜在错误和重复，要求修正和确认。

4.3.4 记录种类

4.3.4.1 记录通常是为了有效的时间管理，分为三类：

■ 过程记录

■ 质量控制记录

■ 信息流记录

4.3.4.2 理论上，他们应被保存在相同的记录控制系统里，通过同一个数据库关联；否则，除非不同的数据库被电子整合了，难免会发生重复输入，且输入错误数据的可能性会上升。

4.3.5 过程记录

4.3.5.1 实际完成的过程记录被用来识别事件的开始和结束日期，以及实际发展的程度，还能识别特定资源的实际生产力。它们也能被用来证实生产力趋势、干扰事件组成部分的时间，以及识别损失的生产力。换句话说，过程记录是有效时间管理的血液。

4.3.5.2 应采用一致的方法汇总和收集过程数据，并且，应按照相同的检测顺序实施每一个数据汇总的检测。因为过程记录是进度更新的来源，除非进度管理人也负责收集数据，否则很难支持从事实到更新进度表的审计跟踪。

4.3.5.3 数据收集的最佳频率与进度更新周期无关，与监测频率或报告周期也无关，但通常与事件数量和事件之间的关系复杂程度有关。

4.3.6 过程记录内容

4.3.6.1 保存这类记录能帮助管理工作，以及建立工作周围的事实。实践中，这类记录涉及：

■ 信息流

■ 进程

  ● 照片

  ● 日记

  ● 记录本

- 会议分钟
- 事物记录（信息、材料、人工、设备和物资等的接受）
- 天气、行业行为以及其他问题
- 第三方问题
- 质量控制
- 变更控制
- 实际生产力

4.3.6.2　除非保存了符合使用目的的正确信息，否则无论信息多么精确或呈现的多么完好，也是无效或没有帮助的。因此记录的使用目的相比内容更加重要。然后，有些种类的数据对任何记录都是必需的，无论什么使用目的。它们是：

- 协调代码
- 事件描述
- 记录日期
- 使用资源
- 事件的开始和结束日期
- 记录作者
- 进程数据

4.3.7　协调代码

4.3.7.1　计划事件和实施事件的完工记录之间必须有某种关系。这通常是计划事件时由进度管理软件创建的唯一事件 ID。

4.3.7.2　如果记录的工作不能被合理地分配到计划事件，它必定被分配到干扰事件且单独标识。

4.3.8　事件描述

4.3.8.1　完工的描述应该符合高密度工作进度表中的工作描述。如果不符合，那可能因为计划事件不够详细以致无法合理记录，也可能因为实施工作从来没有计划要实施而构成了干扰事件。

4.3.8.2　记录的日期和时间必须与记录一起显示。强调这点似乎很奇怪，但是除非工作内容本身就和记录日期有关，否则记录就没有作用。

4.3.9　记录日期

4.3.9.1　记录日期是部分完工记录的必需要素：如果没有，被记录的部分工作将没有意义。记录日期能增加记录的开始和结束日期的可信度。

4.3.10　资源

4.3.10.1　记录必须要识别资源的数量级。当在高密度进度表中，根据资源的应用，如果没有标识的实际使用资源，记录会模糊不清且对于某些目的是无用的。

4.3.11 开始和结束日期

4.3.11.1 必须记录事件的开始和结束日期，以及部分完工的数量。

4.3.12 记录作者

4.3.12.1 尽管很多情况下记录的作者可以自我识别，但不总是如此，且当偏差发生时，做记录方的识别将会十分重要。

4.3.13 进程数据

4.3.13.1 如果在一个报告周期中某个事件完全地开始和结束了，这个完工就可以自我解释。但是，如果不是这种情况，在报告周期中完工的数量以及记录的日期必须被标识。如果没用日期标识进度，在某些情况下，记录是无用的。

4.3.13.2 根据进度管理软件提供的功能，进程通常可以用以下四种不同的方式标识：

■ 剩余时间，例如根据计划完工时间；

■ 过期时间，例如根据与计划时间有关的过期时间；

■ 消耗比例，例如根据完工的百分比；

■ 完工数量，例如根据测量的使用资源和剩余资源。

4.3.13.3 注意永远是进度表的高密度部分需要更新，通过资源和计划生产力来计算；记录使用资源的种类和过期资源的数量非常重要。

4.3.13.4 当计划了一个重复周期，就应该特别注意确认和检查应用的资源、班组的实力、质量控制，以及预计的生产力。如果能在开工之前通过建立基准的方式运行周期，这会更好。但在实践中的多数情况，基准需要一段时间发生，与不同的设计团队或工作班组一起识别最佳生产力和不同能力资源的学习曲线的区别。

4.3.13.5 原则上，除了以上基本数据，必须保存的信息能回答以下问题：

■ 完工了什么和多少（基于事件到事件）？

■ 剩余多少时间来完成事件（天或周）？

■ 谁做的（人力资源）？

■ 需要什么来完工（设备和材料资源）？

■ 什么时候完工（事件的日期和时间）？

■ 在那里完工（实施的地点）？

■ 如何完工（采用的过程）？

4.3.14 质量控制记录

4.3.14.1 促进调查、检测和测试工作的记录系统通常是规范的要求，并且需要正式以业主最终确认程序的一部分提交。通常，这些记录将识别：

■ 主题内容

- ■　规范要求
- ■　测试日期
- ■　测试监督人
- ■　测试结果
- ■　识别缺陷
- ■　修正措施
- ■　修正措施的开始和完成日期
- ■　监督人停止

4.3.14.2　正如信息流，质量控制文件可以通过合适的文件管理系统产品（DMS）来管理。但是，如果这些记录可以被整合到用于进程数据的相同数据库中，这将会是一个优势。

4.3.15　信息流记录

4.3.15.1　为了有效的信息交换，有必要记录有关任何信息的交换：

- ■　唯一的参考号码；
- ■　主题内容；
- ■　来源；
- ■　需要的回应措施；
- ■　谁来采取措施；
- ■　措施开始和完成的时间。

4.3.15.2　有许多 DMS 产品可以用来积累和报告与数据种类有关的信息。但是，如果这些记录可以被整合到用于进程数据的相同数据库中，这将会是一个优势。

4.4　更新进度表

4.4.1　更新不是进程监督，也不是进度修改。它仅仅是把已有数据添加到工作进度中，并根据实际完成的进程重新计算关键线路。进程记录被用来向已完成的事件添加确定的开始和结束日期，以及向已经开始但未完成的事件添加进程数据。

4.4.2　更新进度表对于管理时间模型是必需的；如果没有更新，进度表仅仅只是一个用于标绘历史错误的目标。但是，通过更新进程和重新计算关键线路，工作进度表成为了一个动态模型：

- ■　可以做出预测；
- ■　可以提前识别问题；
- ■　可以实施缓和的复原和加速；
- ■　可以有效管理未来的施工。

4.4.3　如果后果不会导致质量损失、成本增加和工期延误，快速识别干扰和延迟是至关重要的。一旦识别，总能处理困难，预计潜在后果，实施策略以避免和减少影响。

4.4.4 更新过程的一个必需组成本分是根据增加的进程重新计算关键线路。重算关键线路能够识别关键线路上的事件的开始和结束，并提供合理的基准，根据此基准能够计算干扰事件的影响。

4.4.5 更新进度的优点有：

■ 根据模型可以准确预计变更的影响，无论涉及事件时间、顺序（逻辑）或资源（资金、人力、设备和材料）；

■ 资源计划会变得更可靠，因为能更好地使用过去和当前的生产力经验预测未来趋势；

■ 利用"什么假如情境"能更好地计算施工作业的变更影响，使得项目团队能选择最佳的工序；

■ 利用增加的时间能更早地识别潜在的问题，从而降低风险，有效处理实际风险的各种问题，并最终维护项目的时间和资源目标；

■ 干扰的起因和结果更容易被识别，后果更容易被控制。

4.4.6 总之，根据更新进度表能够获得高质量管理信息，这个事实将鼓励项目团队利用更新做好管理。

4.4.7 出于一般目的，进度更新时间和报告周期之间应有一个直接联系。换句话说，更新进度表的数据日期应符合报告的要求。但是，更新频率可能会合理地提升，这取决于施工阶段和工作的重要性。

4.4.8 在进度计划阶段，应维护数据资源的审计索引。

4.4.9 一旦完成更新，应重新计算和记录关键线路，并在计划方法声明中标注和记录关键线路的变更。

4.5 变更控制

4.5.1 由于很多原因，干扰事件在保存记录时会导致特别的问题，特别是在保持与变更一致时它会带来困难。

4.5.2 尽管合同关于谁承担什么责任是清楚明白的，但是在非常具体的层面，某些事实可能很难被标识。因此，当出现疑点时，谨慎的做法是通过赋予一个独立的事件代码分类来保存那些可能属于干扰事件的工作记录，从而将这类工作和合同项下工作区分开。通常，该事件代码应以"EV"（事件英文单词 EVET 的缩写）开头，且该缩写没有出现在工作的任何部分的事件标识代码中。

4.5.3 变更记录需要获取以下信息：

■ 唯一的事件标识；

■ 事件描述；

- 发起人或授权人；
- 用于延期的相关合同条款；
- 用于赔偿的相关合同条款；
- 事件通知或发生的日期；
- 责任方；
- 增加、变更或删除的事件；
- 用于每个增加或变更事件的人力和设备资源；
- 增加或变更事件的日期和用时；
- 增加事件执行的位置；
- 执行变更所采用的工作流程。

4.5.4　追踪已经被单独分类的变更是有利的，这些变更区别于潜在变更。

4.5.5　正如信息流和质量控制文件材料，变更管理信息也能由合适的 DMS 软件管理。但是，如果这些记录可以被整合到用于进程数据的相同数据库中，这将非常有利。

4.5.6　为了指导通常由业主承担的风险，应在附录 1 中添加参考资料。但是，针对业主实际承担的风险信息，参考资料应以问题的形式出现在具体合同中。

4.5.7　识别干扰事件

4.5.7.1　干扰事件指那些本没有计划的发生事件。它们不利于生产力或进程，且通常很难被识别。因此，实际情况常常是，许多干扰事件（进程延误）的次要影响作为进度更新的结果，首先被识别。然后，关联事件作为影响的结果，常常被回顾识别。

4.5.7.2　可以用很多方式对干扰事件分类；但是，主要的分类方式通常是根据责任：作为承包商的风险和作为业主的风险。

4.5.7.3　然而，为了时间管理，需要考虑所有的风险。无论责任，如果要避免纠纷，就需要以循环的方式，清楚地识别和确认所有干扰事件和它们的后果。

4.5.7.4　为了有效地研究某个干扰事件的影响，最重要的是识别事件本身起始的日期，以及各种因果关系链条。原因如下：

- 这将阐明事件是否循序、平行、同时地发生；或者仅仅与其他工作保持一致，且帮助区别不同的事件影响；
- 这将确定某个日历日期，在该日期之后某个事件可能产生影响；
- 这能确定某个时点，从该时点开始需要发出合同项下的通知；
- 这能确定责任条款的法定时效开始的时间。

4.5.7.5　虽然不同特质的事件之间的所需细节不同，原则上，对于每一个干扰事件，需要处理的要点已经列在 4.5.3 中。

4.5.7.6 应该清楚地罗列干扰事件的逻辑关系，以及它所影响的事件和影响的方式。假设提供迟到或修改的信息时，原计划事件才实际开始，迟到的信息将无法从逻辑上抑制事件开始。即使基于"在问题事件开始之前提供所有信息"设计逻辑顺序，结果也一样。在这些情况下，如果迟到的信息终究有影响，因为事件已经开始了，它的影响将会增加事件的计划时间：

- 与事件的计划结束有关的运行额外工作所需的时间；或者
- 作为引起破坏的延误结果。

4.5.7.7 除了信息提供时的变更，还有许多特定种类的干扰事件需要特别考虑，例如：

- 自发和隐含的变化，以及其他指示的变更；
- 主要成本和临时备用款的开销通知；
- 开发商的行为或遗漏，或者由他们负责的其他人；
- 第三方的行为或遗漏；
- 其他事故；
- 破坏。

4.5.8 自发和隐含的变化，以及其他指示的变更

4.5.8.1 尽管比较容易决定已确认变更的起始日期，但许多由于设计信息变更或由于指示导致的变更并没有被清楚的当作变更。后者的典型例子包括：

- 对符合合同工作的无依据的谴责所导致的额外工作；
- 签发修改的设计图来更正业主要求中的不符点；
- 签发修改的文件来更正工量清单或规格中的错误；
- 回应所需额外或变更工作的信息请求；
- 无依据的拒收符合合同的交付。

4.5.9 变更

4.5.9.1 增加和删除都属于变更；许多合同详细地描述了变更的组成和条件。

4.5.9.2 直到承包商意识到变更发生并准备采取行动，变更才能影响承包商的工作。因此，当变更被明显或隐含地通知时，应分析事件发生后承包商收到通知的时间。

4.5.9.3 另一方面，合同条款有时会明确说明通知被视为收到的时间。例如，合同可能说明口头通知在一定时间内得到承包商的书面确认后生效，或者，如果口头通知在一定时间内没有被拒绝，则在未来某个日期被视为生效。

4.5.10 主要成本和临时备用款

4.5.10.1 就主要成本和临时备用款的开销通知而言，最好在工作进度表中指明通知临时备用款、主要成本，或任命分包商或供应

商开销的日期。

4.5.10.2 由于需要承包商和任命方的必要参与，如果没有他们的参与，任命通知是无意义的；因此，任命分包商或供应商的通知不同于其他通知的特点。直到合同管理者在投标要约中规定了他们的要求，收到了可接受的投标，从而承包商与被任命者成功地协商了要求并签订了分包合同后，被任命者义务的内容和时间才能确定。

4.5.10.3 因此，根据指定的分包合同，延误的起始日期应该能用来计算指定的影响。多数情况下，实施工作的指示细节的日期其实被用来预测指示的效果，而非一个预计接受的日期。

4.5.11 业主方的作为与不作为

4.5.11.1 人身安全与健康

4.5.11.2 当承包商的项目进展由于业主遵守或未遵守 CDM 规则[①]的原因而导致项目竣工延期时，则业主方有义务确保项目的主要监管方与承包商能在 CDM 规则范围内完成其工作。事件的发生日期应认定为监管方或承包商开始履行其工作义务之日。

4.5.11.3 信息延误

4.5.11.4 当项目合同监管人未按时通告承包商施工所必需的信息，包括详细图纸与施工说明时，应视作开发商方面的时间风险。此类事件的处理同样应首先参照合同条款，某些合同中可能会有两种条款：

- 一方面，施工所需信息的提供时间可以由业主决定，并在标书中做专门的信息提供时间表。在这种情况下，信息延误的起始日期应该自计划中提供信息的日期算起（无论此信息是否当时立刻需要）。

- 另一方面，多数情况下信息需求应该由承包商方面向业主提出，则信息延误的日期应从承包商提出需求，业主方提供相应信息的一段合理时间期限之后开始算起。

4.5.11.5 此处所讲的"合理期限"通常根据合同条款而定，若条款无明确规定，则按照通常客观情况下的时间期限而定。

4.5.11.6 回复延误——（业主）对承包商提交的文档没有在规定时限内给出必要回复称为回复延误，日期不应从承包商提交之日算起，而应从承包商理应收到回复的截止日期开始算起。许多建筑合同中明确规定了自承包商提交文档后业主回复的时间期限（无论文档的具体内容和重要程度）。也有一些合同根据不同文档而规定不同的回复期限。

---

① 清洁发展机制，《京都议定书》中引入的环保机制。——译者注

4.5.11.7　某些情况下回复可能产生额外的工作，如回复中要求改变项目工作量或施工质量（此种情况下默认合同中关于项目改动的原则自动生效），或要求承包商重新提交文档（此种情况下认定原提交稳定无效，提交与批复流程将重新开始）。

4.5.11.8　未获得进出交通许可——根据合同中使用的术语，业主未能，或未能按期提供施工现场任一部分的进出交通许可（无论由合同正文或附加条款规定），称之为未获得交通许可事件。

4.5.11.9　换言之，在缺乏上述质保认证时，承包商已提交施工时间计划（包含开工日与工期预计）而业主方未具备应有的相关进出交通许可，则应认定为事件已发生。

4.5.11.10　未获得许可——当业主未能按期提供应有的进出交通许可时，在截止日期后，应当认定为未获得施工必须的第三方认证（无论由合同正文或附加条款规定）。

4.5.11.11　换言之，在缺乏上述质保认证时，承包商已提交施工时间计划（包含开工日与工期预计）而未具备应有的相关进出交通许可，则应认定为事件已发生。

4.5.11.12　暂停施工——如接到停工命令，则命令自发布时立即生效。

4.5.11.13　在近年来的工程实践中，未能按期支付工程款成为《住房兴建与整改补助金法案》条款规定中可能导致工期延误的一类新的风险。法案赋予了承包商在未按期足额收到工程款时暂停施工的权利。根据此规定，"停工"这一事件自承包商履行停工权利之日起即可认定为已发生。

4.5.11.14　其他事件——与合同内规定的其他任何可能状况有关的，如延期、施工障碍，或由业主、业主方的人员或与业主签约的其他承包商引发的任何妨碍施工的因素，在状况出现时即可认定为事件已发生。

4.5.12　第三方行为与不作为

4.5.12.1　第三方的行为与不作为认定过程相对较为直接，因第三方与承包商无直接关联（除非有证据证明第三方直接干预了承包商施工）。

4.5.12.2　在此基础上，第三方认定的准则与分包商施工时间的认定类似。社会骚乱、罢工或业主抵制施工等，除非其影响到施工进度，否则不作为业主承担的风险。而当此类情形发生时，事件发生日期定为由这些状况导致的施工进度延误开始之日。

4.5.13　中立事件

4.5.13.1　中立事件定义为合同中规定的时间风险由业主承担，造价风险则由承包商承担的事件。常见的情形有恶劣天气、战争等不可抗力、工人罢工等。此类情形在未影响工期时不必考虑。部分情况下，此类情形的产生有一定的短期预见性，但多数时候，对施工的影响（开始与持续时间）都是无法预见的，应当按照实际情况记录以备有据可查。

4.5.14　干扰

4.5.14.1　干扰通常会影响工作效率，并使同等工作量的成本开销增加。干扰与进度延期可能互为因果关系。干扰的复杂性在于对单一事件和短时间内的干扰可能起源于多个互不相干的，分别由业主或承包商承担的风险性事件。不过，在干扰分析时可以根据其发展过程，使用回溯的方式将其分解为若干构成要素来分析和理解。

4.5.14.2　根据实际情形，判断是否影响了施工效率，主要应对比：

- 计划的资源投入与产出比和实际达到的资源投入与产出比；
- 无干扰状况下特定时间段内计划获取的资源与达到的产出指标和有干扰存在时实际完成的指标；
- 评估某一干扰的影响程度时可以套用制定施工计划（假定无干扰存在）时的计算公式。此时可查询该事件的进展情况，根据整体进度记录或有疑问的事件记录推算累计消耗的资源与产出。简言之，可以对比计划中与实际情况下消耗的资源和达到的产出。

4.5.15　干扰事件的影响程度计算

4.5.15.1　干扰事件的影响程度计算应参照该事件对计划的未来施工进度可能产生的影响（如有的话）。

4.5.15.2　如事件中有停工的情况（无论局部或全部停工），且已有施工日程表，则可以将日程暂停相应的时间段并重新计算项目的关键路径。这一简单而有效的措施特别适用于应对短期停工（如因恶劣天气造成的临时停工）。同时，此类状况在某些情况下仅影响一部分特定的施工，则受影响部分可单独重新指定工作计划与分配时间。

4.5.15.3　当项目计划使用子网，评估干扰事件的影响程度时，可将子网并入现有工作计划，加入子网与受影响工作之间的逻辑连接并重新计算项目的关键路径。

4.5.15.4　事件影响程度的计算应参考在其产生时对施工计划产生的影响，这一方法被称作"时间影响分析"。[10]

4.5.15.5　时间影响分析与通常所说的进度监控的主要区别在于，前者能显示出单个的离散事件对工程进度与完工时间的影响，而后者仅仅关注结果的差异，通常不关注具体的原因及影响程度。

---

10 见：Deley and Disruption Protocol，建筑法学会，2002 年 10 月出版.

4.5.15.6　两种情况下可以使用时间影响分析法：在施工计划需要更新，且一连串紧随其后的事件的启动时间受到影响（不考虑报告的周期间隔时间）；以及另一种情况下，某一进度报告间隔期间内的所有连续事件都受到上一次计划更新的影响时。后者在复杂的大型项目中更为常见，通常称作"窗口流程"或"同期分析"，[11] 每一计划更新的周期被称作一个窗口，包含所有受影响及需要报告的事件。

4.5.15.7　采用这一分析流程，首先要求项目管理网络已升级并重新规划，以确认计算出的项目进度在数据日期的节点上所受的影响程度。在该数据日期以后发生的事件（在下一数据日期之前）可以按照发生时间的先后顺序受到影响，项目的关键路径可以重新得到计算。此方法还有一个优势是可以很容易看出某一事件的影响是否与其他事件的影响有关联，并可以计算对未来工作的时间影响和关键路径。这一分析法带有一定的前瞻性，在事件发生时将预测其对计划中的一系列时间可能产生的影响。

4.5.15.8　这一分析流程同样不考虑项目的关键日期和阶段竣工日期，以及对分包商或其他的承包商的影响程度。作为对上述几点的补充和便于理解，一个很重要的措施是对前述的日期使用里程碑标记，为方便日后的项目管理报告，里程碑还可以独立进行编码、分组和过滤（详见 4.6.8 "里程碑监控法"）。

4.5.15.9　在升级现有的施工计划前，应将待升级计划另保存一份作为存档，现有计划更新以后作为新计划使用。

4.5.15.10　每当有新的事件增加时，关键路径都需要重新计算和记录，且每一次关键路径的改动都要在规划方案中记录并标注出来。

4.6　进度监控

4.6.1　进度监控主要是针对项目预期达到的目标，监控目前的进展是否达到、超过或未达到这一预期目标。

4.6.2　进度监控有利于掌握项目的实时趋势和向管理高层的汇报总结。但实际上，除非项目的更改来自于设计基准的调整，在一些不可避免会中途产生变动的复杂项目里，直接比较设计基准与获得的进展将很难或甚至完全不可能得到有意义的结果。

4.6.3　仅仅监控项目进度而不重新规划关键路径（挣值管理／锯齿线）的方式在复杂项目中不能作为时间管理的唯一手段，因其主要有两大缺陷：

---

11. 表 1 同前。

■ 通常无法识别出关键与非关键行为，或及时察觉重要程度的变动；

■ 无法预测单个离散的干扰事件影响程度，因为无法区分同一时间段内来自不同干扰事件的影响，也同样无法区分影响进展的事件究竟来自承包商与业主的哪一方。

4.6.4　目前常用的项目进度监控方法有若干种，常见的几种如下：

■ 目标计划法

■ 锯齿线法

■ 方块图法

■ 里程碑监控法

■ 现金流监控法

■ 项目挣值监控法

■ 项目资源监控法

4.6.5　目标计划法

4.6.5.1　实现这一方法的需求是根据每一个不同的事件，在一张图上显示两个或多个不同版本的项目计划，因此目前在一些项目规划软件中还无法使用该方法。目标计划法的图例如图 35 所示。

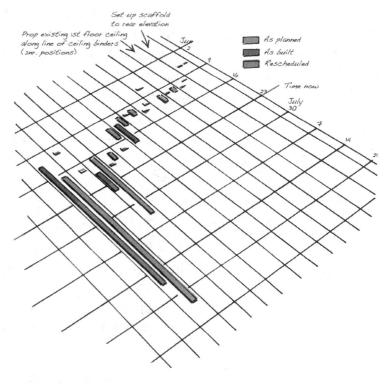

图 35　目标计划法比较

4.6.5.2 目标计划法对计划负责人的主要要求是：

■ 根据项目进展及时更新计划；

■ 根据给定的计算日期重新计算关键路径，编排新计划；

■ 如果项目进展中没有变更，则使用原先的工作计划，反之若已经出现变动，则使用上一计算日期时更新的计划。

4.6.5.3 目标计划法直接对比开工前制定的计划与实际施工情况，可称作目前最为简单而有效的项目进度监控法。该方法通常使用较为直观的柱状图并配有文字说明，解释为何预期目标未达到，以及为何特定的单个或系列事件需要延期等。

4.6.5.4 目标计划法可用于发现与项目预期出现的背离情况，与过滤器同时使用时，还可用于显示一些特定的内容，如分包商工作时间的变更与关键路径的变动等信息。

4.6.5.5 由于项目的目标和工作计划都在关键路径的网络内，目标计划法还可以帮助查找背离出现的原因和及时采取纠正措施。

4.6.6 锯齿线法

4.6.6.1 锯齿线法与目标计划法较为类似，区别在于项目规划和实际进展显示在同一个计划里，当实际进展偏离了计划时，图中以一条垂直的锯齿线区分（通常标注在计算日期或原定计划日期处并从页面顶端开始）。

4.6.6.2 不过，锯齿线法有时会应用在静态的项目计划中。即原定的事件日期不变，进展直接在原计划上标出来。很明显这样的格式无法用于时间管理。反之若想起到时间管理的作用，现有进展的影响必须以重新计算日期的方式显示出，计算日期左侧是所有已完成工作，右侧是待完成事项。

4.6.7 方块图法（CTS）

4.6.7.1 方块图法（CTS）[12] 适用于简单项目的进展评估和高层汇报，并已有多年的使用历史，但在复杂项目中很难起到实际作用。

4.6.7.2 CTS 法同样以柱状图表示，区别是只显示项目的整体进展，无法看出单个事件的具体情况。

4.6.7.3 在 CTS 中，除非人为加入权重比例，不同事件的具体内容通常是不做区分的，这样会导致从图中得出的结果往往并不十分可靠。

4.6.7.4 从 CTS 的图中也无法看出导致项目进展背离预期目标的原因，背离对项目关键路径的影响，更无法由此推断出可以采取

---

12. 见：Project Sponsorship, Planning and Progress Monitoring, Guidance Note No. 7, The Central Unit on Purchasing, HM Treasury（1986）.

的纠正措施。

4.6.8 里程碑监控法

4.6.8.1 里程碑监控法通常会与其他监控方法一起使用，以预测项目重要事件或交付物可能出现的偏移。

4.6.8.2 里程碑自身的特点决定了不可能存在"部分完成"的状态。且实际使用的里程碑，除非已有较为严密的定义，通常只能主观判定在规定日期是否达到了项目预期。因此，在项目管理中为了达成各方共识，里程碑的定义中必须清晰地表明在项目工作完成至何种程度时才能认定为里程碑已达到，同时必须与达到里程碑前需要完成的最后一项工作有一定的逻辑联系。

4.6.8.3 当计划中的里程碑已经与各自的前驱和后驱动作有了恰当的逻辑链结，且一直保持实时地审查，修改和升级，则项目计划可以很清晰地反映出里程碑能够达到的预计日期。

4.6.8.4 已过滤其他信息只显示里程碑的计划，也被称作里程碑计划。

4.6.8.5 里程碑常常被用于标注以下的项目节点：

■ 已完成用户需求和竣工；

■ 设计阶段与接口；

■ 申请执照与许可证；

■ 关键日期，如"建筑平顶"、"防雨施工"、"接通水电"，或合同中其他规定；

■ 付款阶段；

■ 阶段完工节点；

■ 分包商施工的开工与完工节点，或整个施工阶段；

■ 重要人员与设备等的进场与离场；

■ 与重要供应商，政审部门或第三方机构的接口和移交等；

■ 与验收和交付相关的重要日期。

4.6.9 现金流监控法

4.6.9.1 用现金流的方式监控项目进度完全依赖于财务工作。此方法要求在项目规划时预估需要的累计现金流及累计净现值。

4.6.9.2 监控的手段主要是按照估值日期，将预估现值与实际现值的累计图表进行对比。当二者的图表曲线出现偏差时，可以根据估价日期推测出偏差发生的时间点（不包括偏差原因），并且根据原定计划中，项目经费支出达到一定水平时项目应有的估价值，可以预测出项目竣工时间及最终能达到的净值水平。

4.6.9.3 现金流法的缺陷与 CTS 类似，无法指出项目偏离产生的原因，对关键路径的影响程度以及可以采取的纠正措施。

4.6.10 项目挣值监控法

4.6.10.1 挣值管理（EVM）的基础方法是挣值分析（EVA），[13] 是一种造价监控而非时间监控。挣值管理法相对于现金流监控较为复杂，因为需要对每一事件根据其耗费的金钱、人力或其他资源综合评估并赋予一定的价值（与此相比，现金流监控里的价值只是理论值）。假设在一定估价周期内项目的产出值与计算结果相符合，则通过挣值可以很方便地检查项目的实际进展是否达到了预期。

4.6.10.2 FVM 首先会给项目计划分配一定额度的预算（通常表现为资金和人力），并由预算数据可以得出项目的整体累计消耗曲线图及工作分解结构中各单个元素的累计消耗，这一数据也被称为计划值。

4.6.10.3 评估当前项目进展状况及预测未来进展最重要的两个指标分别是计划/实际比（当前进展是否符合预期？）与消耗/产出比（项目效率是否足够？）。

4.6.10.4 二者的计算公式分别是：

消耗/产出比 = 项目挣值/实际现值

计划/实际比 = 项目挣值/计划值

4.6.10.5 如当前计划的工作内容与顺序和设计基准计划中的一致，则挣值分析能提供的有效信息包括：

- 工作计划中已完成的部分，及完成工作所消耗的资源；
- 项目的工作效率（资源消耗是否合理）；
- 项目能否按期完工；
- 项目能否不超出预算。

4.6.10.6 与其他监管方法类似，如果项目实际的工作内容和顺序与计划的不一致，则很难或甚至不可能将项目计划与实际进度作任何有意义的比较。

4.6.10.7 与前述类似，挣值分析无法指出项目偏离产生的原因，对关键路径的影响程度以及可以采取的纠正措施。

4.6.11 项目资源监控法

4.6.11.1 项目可用资源的监控通常针对人力、设备及材料等方面进行，过程监控的原则与其他方法类似，对比实际的资源消耗时必须有一个明确的比对目标，如特定的工作内容或事件序列等。

4.6.11.2 资源监控既可以针对整个项目，也可以根据需求，更具体地针对某一特定部分、特定元素或某一分包商。唯一的要求是指定监控部分的实际资源消耗量能够与计划消耗量对比。

4.6.11.3 资源消耗量通常录入每日更新的数据报表，报表可以

---

13. 有关 EVA 的详细解释，参见：BS6079—1：2002；AS4817:2006；ANS1748B.

进行汇总和绘制曲线图，既能显示实际消耗量与计划的对比，又可以根据趋势预测未来的资源消耗。不过，与前述类似，项目资源监控同样无法指出项目偏离产生的原因、对关键路径的影响程度以及可以采取的纠正措施。

4.6.12　进度恢复与加速

4.6.12.1　在任何复杂项目中，无论出于何种原因，或因为哪一方的责任，都可能会遇到需要想办法恢复已被延迟的项目进度，或称之为加速的状况。

4.6.12.2　进度恢复与加速的策略作为基本的策略，在施工方案规划时就应囊括（见第 2 章）。原则上，恢复的措施包括改变工作的工期、顺序、方法、资源分配，并可能涉及以下一个或多个不同方面的调整：

- 设计；
- 材料与人工的规范化；
- 施工方法；
- 工作量；
- 工作顺序（改变接口和逻辑依赖关系）；
- 资源；
- 工作时间；
- 突发事件；
- 信息流。

4.6.12.3　在项目实践中，无论采用何种具体措施恢复项目进度，都需要考虑以下问题：

- 导致进度延期的风险来自哪一方？
- 项目的哪一部分受到影响？
- 哪些具体工作会因此延期？
- 希望恢复的时间有多少？
- 需要恢复进度的项目路径有哪些？
- 需要恢复的路径上有哪些待完成工作？
- 针对不同的路径和工作，是否需要采用不同的恢复方法？
- 恢复进度预计的花费多少？
- 恢复措施的效果预计如何？
- 恢复进度的措施可能会遇到哪些风险？

4.6.12.4　面对各种不同的可选补救措施，在指定优先级的时候应该考虑到根据现有计划，何时可能会采用这些措施以及需要恢复的时间有多少。无论最终采取哪种措施，对上述问题的考虑以及选用该措施的原因都需要在计划施工方案中阐明，并在以后经审查和修改后的施工计划中沿用。

4.6.12.5　项目管理需要牢记的一条原则是，做施工计划时需要将应急措施作为计划工作与逻辑的一部分考虑，并且尽可能现有的风险评估保持一致。同时如果项目早期的突发事件没有得到妥善处理，随着项目本身的进展，可选的补救措施毫无疑问会减少（见第2章），则项目按期竣工的可能性也会随之降低。

4.6.12.6　相应地，突发事件的评估和处理需要考虑到与之相关的计划部分和风险。评估突发事件的影响时需要考虑进度若因此延期并需要恢复时，承包商与业主双方的责任划分，以此评估留给双方处理突发事件的时间余量。

4.6.12.7　因突发事件带来的风险，经审查及计算后，在新版本的计划中应该加入对应的补救性工作（单个或一系列），以恢复突发事件带来的影响。

4.6.12.8　如有证据表明预期的风险并未发生或严重程度低于预期，则应急方案在计划中的比例应该减少或直接取消，代之以之前计划好的事件序列。

4.6.12.9　因风险未发生而冗余的应急措施，既可以并入项目后续过程的应急措施中（应对风险增大后的再次评估），或直接取消。

4.6.12.10　在启动任何应急方案或加速措施以前，原计划都需另准备一份作为存档文件，修改后的计划则作为新版本继续使用。

4.6.12.11　在项目施工方案修改的过程中，任何修改都必须保留可跟踪的痕迹，包括修改的原因。

4.6.12.12　所有修改完成后，项目施工方案计划里的关键路径必须重新计算和记录，关键路径产生的变动必须标注出来。

第 5 章　时间模型的交流与整合

5.1　引言

5.1.1　在项目管理中，拥有健全的高层汇报机制，让决策层（股东等）在充分了解信息的前提下做出决策，是一种非常具有时效性且意义重大的举措。有效的汇报机制还有助于项目各参与方对项目进度保持较为一致的看法，减少分歧。

5.1.2　结构清晰的项目报告有助于各方从中有效提取出与自身工作相关的信息。

5.1.3　报告的本质是将信息分发给感兴趣或有需求的受众，因此必然会涉及信息的沟通。与其他沟通方式类似，如果要求受众对报告的信息做出一定的回应，则必须保证信息本身能够送达并能被受众理解。

5.1.4　项目是否应要求按照一定的日程表周期提交报告（例如每当干扰事件发生时提交报告），或定期报告（无论是否有事件发生），或不定期报告（根据项目数据本身的特点而定），取决于项目本身对报告的要求。项目合同里对项目报告的相关规定必须进行仔细研究，明确报告的目的和受众。

5.1.5　对报告的严格要求还有一层意义，在某些合同中，任何不按规定时间发布的报告，或没有及时传达给所有必须的受众，都可能导致某些意外发生，并使合同的责任从承包商转移至业主（或反之亦然）。

5.1.6　报告的形式可以由合同规定，但在大多数情况下，对报告的要求都是在特定的时间向特定的受众清晰无误地传达信息。因此，多数报告都以文本的形式发布，或以口头形式传达时，也需要以书面形式予以确认。

5.1.7　当然，以文本形式发布的报告并不局限于文字，在大型项目中需要传达复杂信息时，各类图表、条形图、柱状图、曲线图和子网等也可以根据需求在报告中使用。

5.1.8　对决策层层面而言，尽可能使用简单的图表传达复杂信息是非常有效的手段，需要说明较为复杂的流程和顺序时还可以使用动画的形式。相反对基层而言，细节更为重要[①]，此时原始数据显然重要得多。

5.2 不同的报告类型

5.2.1 根据报告可能面对的两类不同受众，内部受众与外部受众，报告至少可分为三类。

5.2.2 外部受众包括业主、设计团队、出资方及政府审批部门等。

5.2.3 内部受众则主要指承包商、项目经理、项目团队、现场主管、合同管理者、分包商及供货商等。

5.2.4 报告大致分为以下几类：

- 通知性报告；
- 管理性报告；
- 信息汇报性报告。

5.2.5 通知性报告

5.2.5.1 大多数合同都会要求承包商在发生可能导致项目整体或部分进度延期，影响竣工日期的风险或意外事件时，在一定时限内通知合同管理者（例如当发现地基条件与合同描述不符）。

5.2.5.2 为实现合同的准确要求，参照将以问题的形式附注在合同中。但在工程实践中，考虑时间因素，"通知"本身的意义仅限于通告特定事件已发生，并可能导致（或已经导致）某个或某些工作延期，影响项目竣工，而后续的风险管理显然工作量要远大于此。

5.2.5.3 事实上，第一时间发出的通知常常包含的信息量很少，因此大多数合同中会要求随后提交补充材料，说明可能造成进度延期的时长及项目竣工日期可能受到的影响。补充材料的提交通常也有时间规定，在最初通告之后一定时限内提交。如果合同里还规定了补充材料的提交形式，则应当遵守。

5.2.5.4 即使合同中没有这方面的明确规定，补充材料一般也应当包括以下信息：

- 事件本身的性质及编号；
- 通知发布时引用的合同条款；
- 事件和进度的简要说明；
- 项目计划内受此事件影响的工作，及受影响的形式；
- 对项目关键节点和竣工日期可能造成的影响；
- 对其他承包商或分包商可能造成的影响；
- 受影响的工作计划的文档参考。

---

① 天使和魔鬼通常都隐藏在细节里。——译者注

5.2.5.5　在说明上述问题时，除文字外，另一种有效方法是使用子网图和项目关键路径图显示从事件发生至完结的过程对施工计划产生的影响。

5.2.5.6　在附录 3 的延期通告范例里，事件的描述是"请求处理设计信息之间的不符点"，本案例中，使用这样的专业术语时，承包商将有权进行延期并就延期提出赔偿要求。案例中"MOF 码头的延期"这一结果是事件造成的直接影响而非事件本身。

5.2.5.7　为澄清事实，事件造成的直接影响与事件本身的描述必须有明显的区别，若对承包商、分包商、项目关键日期和竣工日期等有后续影响的，也应当区分开来。

5.2.6　管理性报告

5.2.6.1　项目合同条款中有时会要求提交管理性报告，还可能对此做出更具体的规定。此外，项目执行计划也应该包含合同里的要求，包括报告的内容、格式等细节要求。

5.2.6.2　顾名思义，管理性报告的作用是促进项目的有效管理。本书着重讨论项目时间管理，管理性报告在本书中也常称为"进度报告"。

5.2.6.3　出于时间管理的目的，进度报告通常应该包括如下几个部分：

- 项目执行概要；
- 上一周期工作总结；
- 项目中期与远期规划；
- 下一周期的工作安排。

5.2.7　项目执行概要

5.2.7.1　概要部分总结项目当前的进展状况与可能对项目产生影响的重大问题，包括对以下一些方面的影响：

- 项目关键日期；
- 其他承包商工作；
- 分包商工作；
- 业主应交付物；
- 项目阶段性竣工日期；
- 项目整体竣工日期；
- 项目工作流；
- 项目风险的影响。

5.2.8　上一周期工作总结

- 上一周期内的高密度计划工作（计划较为详细的工作）有哪些？
- 上一周期内项目的实际状况及对应时间；

- 实际状况与项目计划出现偏差的原因；
- 项目偏差是否会对以下方面产生影响：
  - 项目关键日期？
  - 其他承包商工作？
  - 分包商工作？
  - 业主应交付物？
  - 突发事件的产生？
  - 阶段性竣工日期？
  - 整体竣工日期？

5.2.9　项目中期与远期规划

- 项目的中低密度计划部分（中远期工作，或现阶段难以详细规划的部分）是否有更新的信息？
- 是否需要进度恢复或加速措施？
- 哪一些承包商遇到的突发事件需要作计划调整，调整的范围与程度如何？
- 可能发生何种风险？
- 针对风险有哪些应对措施？
- 业主方有哪些突发事件需要计划调整，调整的范围与程度如何？
- 简要总结项目准备启动的恢复与加速措施及具体的实施方法。

5.2.10　下一周期的工作安排

- 未来三个月内有哪些高密度计划的工作安排？
- 在这些工作安排中：
  - 需要哪些承包商和分包商参与？
  - 预计的资源消耗与产出分别是多少？
  - 需要业主提供的交付物列表与交付时间。
- 哪些风险可能发生，以及可能发生的风险升级或降级？
- 针对风险有哪些应对措施？
- 有哪些突发事件需要计划调整，调整的范围与程度如何？
- 准备启动的恢复与加速措施及具体的实施方法是什么？

5.2.11　进度报告通常会要求与合同关键节点报告或阶段性竣工报告一起提交，二者应当做不同的关键路径分别处理，报告也应该分别准备与提交。

5.2.12　信息汇报性报告

5.2.12.1　汇报性报告可能会要求提交至关心项目情况的出资方或股东处，具体的要求应该在项目沟通计划中提出。出于时间管理的原因，汇报性报告通常都会包含财务监控、质量控制与测试、安保措施与意外事故、项目图纸发布的数据流、信息请求、控制变更等多方面的信息。报告内容取决于要求汇报的项目数据类型及如何有效传达这些信息。

5.3　报告格式

5.3.1　项目简报的形式取决于受众的身份，而且根据报告的性质——其本身是否为应决策层或施工层要求而做，报告是否要求受众就其内容做出决策，提供建议或仅仅作为信息简报等，报告的准备流程与最终的报告输出也各不相同。但总而言之，大多数情况下，在报告的开头做项目执行状况的概要，对正文里的重要内容使用交叉引用加以标注，都能帮助受众更好地理解报告。理想状况下，即使最为忙碌的决策者也能轻易抓住报告的重点并迅速找到他们希望关注的具体章节。

5.3.2　准备项目报告时应该时刻牢记的一个原则是，面向底层受众的报告通常需要更翔实的细节和更多的信息，而管理层则往往更关心项目当前情况的汇总及未来趋势的预测，二者侧重点各有不同。

5.3.3　当需要使用表格时，应当尽可能使用可视化、图形化的表格作为数据的表现形式。可视化表格包括如下类型：

- 柱状图
- 饼状图
- 曲线图
- 产品数据管理（PDM）网络
- 箭头网络图（ADM）
- 条线图
- 网络连接图

5.4　反馈与基准测试

5.4.1　按照本书中的方法，几乎所有过往项目都能提供大量数据以供参考，能帮助未来的项目大大提升效率。

5.4.2　从过往项目的进度记录数据库、原始工作计划和更新后的工作计划中，可以提取出的数据涵盖了项目建设的整个周期，通过数据分析能有效地识别任何情况下的调查状态与项目预期标准之间的偏差。

5.4.3　基准测试的含义有两重。一方面，根据标准及待测试项目的施工条件（工种、可用资源等），分别建立项目产出与所需工期的对应计算公式；另一方面，根据给定的项目数据，比较最优的理想工作效率和实际工程中能达到的最优值。

5.4.4 基准测试流程

5.4.4.1 无论进行何种数据分析，第一步都是明确分析的目的何在。在建筑工程开工以前分析目标就应当明确，有助于跟踪计划里的工作进展及后期回顾分析。通常分析目标的界定范围给的越明确，后续的分析工作就越容易进行，得到的数据意义也就更大。

5.4.4.2 例如，计算某一类特定工作的标准产出率时，通常应遵循以下流程：

- 列出该工作具体包含的不同动作及相互关系。若关联的动作之间有一定的合理延续，则不同动作的数据可以汇总起来表示该工种工作从开始至结束的整体效率；反之，若动作各自分别完成，数据分析也能通过比较工作连贯性出于最佳状态时的效率和实际效率，给出因为动作不连贯（如有的话）而损耗的工作率（假定没有其他干扰存在）。
- 计算完成上述一系列动作所消耗的资源，并对比连续完成动作与分别完成动作时消耗的资源是否存在明显波动。若资源消耗基本持平，则实际工作中产出率的波动可以排除资源方面的因素。其他已知的事件影响，如项目人员所需的必要学习时间（学习曲线）、干扰事件等产生的影响也能一一剥离出来，排除所有影响后的结果即是该工作所能达到的平均产出率。即使结果仍有波动，计算最佳产出率与平均产出率的难度也会大大降低。
- 若项目资源配给存在波动，则对产出率的分析计算应当针对不同的资源组合分别进行，分析不同的资源配给对工作的最佳／平均产出率产生的影响。
- 若正常发生的事件也影响到了产出率，影响数据也可以通过上述改变资源配给的方式获得。
- 最后，应把不同的分析标准与得到的结果列成表格。不同工作的产出率可以根据一定时间完成内的工作量计算，单位各不相同，如立方米／日或米／小时。

5.4.4.3 在分析过往项目数据和预测未来项目的施工效率时，还必须考虑不同施工条件与工地环境的影响；过往项目的数据应当保存在专门的数据库中，方便日后的检索，排序和过滤。为方便日后检索，数据库里保存的数据应该包含以下信息：

- 项目名称；
- 项目类型；
- 项目建设的国家和区域；
- 项目开工与完工时间，工期时长；

- 设计团队；
- 项目管理团队；
- 建筑施工管理团队；
- 具体工作的类型，工作是否常规施工或为该项目特别要求的工作；
- 检索数据所涵盖的工期；
- 最佳的现场工况；
- 最佳的天气条件；
- 达到的最佳产出率；
- 无干扰状况下的平均产出率；
- 现场工况的平均条件；
- 最有效的资源组合；
- 不同资源组合的平均产出率；
- 特定事件对产出率的影响（分类讨论，如设计图纸多次更新时）。

5.4.4.4　对某些特定数据，如现场工况，为检索方便起见可以对检索输入使用参数筛选。对于已有一定程度积累的数据，可以与其他的已知数据进行对比，检查是否已隐含有反常事件发生。例如，对常规工作种类的比较，可以参照该工作行业手册里的标准数据。

5.4.4.5　基准测试对数据分析的要求很高，因为其耗时耗力，对分析过程遵循的标准和质保流程都有非常严格的要求，否则得到的数据可能毫无用处。因此，如果建筑方本身没有专业的数据分析团队，应该优先考虑将基准测试与分析工作交给经验丰富的第三方团队完成。

附录1 业主方的时间风险

1.1 本附录列出了标准合同中常见的一些时间风险由业主方承担的干扰事件。

1.2 在某些合同中，通常由业主方承担的风险在下列情况下会转移给承包商：在风险发生前本可以被承包商合理预知的，以及风险本身由于承包商的过错或不作为而发生。

1.3 项目中较为特殊的风险需要在合同里作出专门规定，在评估风险性质时，要特别注意尽可能准确地使用合同术语。

1.4 在预估项目可能需要处理的突发事件时，业主与承包商双方都应该熟知可能发生的风险。

1.5 根据具体的合同条款，承包商可能会被赋予以下权利：

■ 就工期延误要求业主赔款；

■ 要求工期延长；

■ 工期延长并就以下原因造成的延长要求赔款：

1.5.1 在出现以下事件时，承包商可要求赔款：

■ 修改合同里不明确或有歧义的条款；

■ 业主方要求调研其他可选的建筑方案或报价；

■ 施工过程中遭遇不可预见的工况或人为阻碍；

■ 业主方提出无理或非法要求；

■ 因设计团队提供的数据有误而造成施工问题需修正；

■ 需要承包商完成合同范围以外的探查性工作；

■ 需要承包商确认工程是否符合法律法规与行业规定；

■ 遵守合同签订后获取执照的条件和限制；

■ 施工过程中遇到人类遗体、化石、历史建筑、遗迹，或其他具有人类学、考古学、地理学价值的遗物需要处理；

■ 需要承包商完成招标书及合同中未明确规定需要完成的测试；

■ 业主要求暂停整体或部分施工；

■ 设计出现变动；

■ 业主方中途改变要求；

■ 临时开销，主要成本或应急准备金；

■ 修正任命错误；

■ 修正健康安全计划。

1.5.2 因为图纸修改，或中途增加新图纸及施工要求；

1.5.3 因合同管理者的原因未能及时提供施工所必需的图纸、参数或其他说明；

1.5.4 施工时发现现场有不利条件或人为阻碍；

1.5.5 规定时间内未就承包商交付做出回应；

1.5.6 回应承包商交付时提出不合理要求；

1.5.7 理赔已投保的风险事件造成的财物损失；

1.5.8 永久性工程未获施工许可；

1.5.9 业主雇佣的其他承包商造成干扰；

1.5.10 具有法定责任义务的其他机构或人员未尽其义务而造成干扰；

1.5.11 指定分包商或供货商未完成合同义务；

1.5.12 施工现场发现人类遗体、化石、历史建筑、遗迹，或其他具有人类学、考古学、地理学价值的遗物；

1.5.13 有证据证明已按合同要求完工的部分，后期要求重新施工；

1.5.14 业主未能提供进出的交通许可；

1.5.15 业主应提供的交付物未能提供；

1.5.16 因为实际工作量与工作量清单不符而引起的工作增加或减少；

1.5.17 修正工作量清单里的错误；

1.5.18 因为不当扣留许可证而导致分包商施工资格被剥夺；

1.5.19 承包商因未按期收到工程款而停工；

1.5.20 安保计划的变动；

1.5.21 业主方的其他延期、过错等阻碍施工的行为；

1.5.22 反常的恶劣天气；

1.5.23 其他可能发生的特殊事件；

1.5.24 不可抗力；

1.5.25 罢工或停工事件发生；

1.5.26 因政府法规对项目人工，材料等供应造成影响；

1.5.27 招标时无法预见的项目人手不足或材料短缺；

1.5.28 其他超出承包商可控范围以外的事件。

附录 2　项目管理软件开发指南

2.1　引言

2.1.1　项目与子项目

2.1.1.1　只能同时管理单个项目的软件在复杂项目中常无法满足需求。例如，除按项目阶段性工作（依据阶段性竣工日期或其他关键节点日期）把项目划分为子项目以外，为方便起见，还可以按项目施工的不同区域划分子项目。

2.1.2　项目活动

2.1.2.1　每一活动都应分配：

■　活动编码（字母与数字组合）；

■　活动说明。

2.1.2.2　项目管理软件应禁止同一项目的活动使用重复的 ID 或说明，或至少向用户提出明确的警告，否则很可能使项目计划混乱，而这在项目管理中应该尽量避免。

2.1.2.3　管理软件应该能区分以下类别的活动和事件：

■　工期已明确的活动；

■　已分配资源的活动；

■　已汇总的活动；

■　起点里程碑或旗标；

■　终点里程碑或旗标；

■　由业主方承担的风险或突发事件；

■　由承包商承担的风险或突发事件。

2.1.2.4　软件中应该为活动预留空白域以便用户添加文字或数字说明。

2.1.2.5　软件中显示的活动工期应该支持不同格式。虽然在建筑工程中，大多数情况下以天为单位表示工期，但同样可能根据需求，在项目指定的范围内使用小时或分钟，或在项目整体规划中使用月或星期作为单位。

2.1.2.6　软件应该表明计算时间时使用的单位（精确到天、小时、分钟或秒），好的管理软件应该精确到分钟量级。

2.1.2.7　软件应该能发现哪些活动在逻辑计算后得出的工期比应有的工期短，并决定该活动是否应"延长工期"或"分阶段完成"。

2.1.3　逻辑关系

2.1.3.1　合格的项目管理软件应该允许为项目工作编排逻辑流图，当出现实际工作中不可能实现的逻辑关系时，软件应禁止显示。

软件应支持显示正向与逆向逻辑，并检查逻辑关系中存在的环路或开放终点。设计优秀的软件应该禁止此类问题产生，或发现问题时向用户提出明确的警告。

2.1.3.2　软件应该能向用户提供所有可选的逻辑链结（单个或成组）。只允许用户使用线性逻辑（完工后开工），或可选逻辑链结过少的软件对项目管理是不利的。一般要求每一工作的开始和结束点各提供至少两条逻辑链结。

2.1.3.3　当工作逻辑与工期不一致时，软件应该能检测出来。

2.1.3.4　在整个项目计划中选定任意一点时，软件应该能表明当前逻辑是驱动型或非驱动型。

2.1.3.5　逻辑应该至少分为如下的类型：

■　工程逻辑（不考虑资源限制的工作顺序）；

■　资源逻辑（考虑现有资源的工作顺序）；

■　带优先级的逻辑（对前两种逻辑的手动修改）；

■　逻辑链结区域和／或子项目；

■　除此以外，软件还应该能识别出固定的引导和滞后，以及应用到其中的计划；

■　引导和延迟都应归为逻辑的属性之一。

2.1.4　限制

2.1.4.1　在多数项目计划里，除软件运算外，常常还需要人工添加一定的限制条件。通常可被接受的限制条件有：

■　（活动）不早于某一特定日期开工；

■　（活动）不迟于某一特定日期开工；

■　无预留时间余量（自由浮动时间为零）；

■　此外，当某一项被人工添加限制时，软件应标记出来。

2.1.4.2　某些情况下，如果人工限制添加过多，可能会影响软件自身的严格性和建立时间模型，因此在项目时间管理中应避免此类情况。下列几种情况如果出现，在管理软件中应该对用户给出明确的警告信息：

■　一定的人工限制条件（或条件组合）会限定某活动的起止时间；

■　某活动的开始日期被强制规定；

■　某工作的结束日期被强制规定；

■　项目整体无时间余量（总浮动时间为零）。

2.1.5　关键路径

2.1.5.1　项目管理软件要求能计算出：

■　至项目整体完工为止的最长路径；

■　至某一关键日期或阶段竣工的最长路径；

■　区分对一个或多个完工日期而言的关键与非关键逻辑、活动；

■　每一路径的整体浮动量；

■　某一活动或路径的自由浮动量。

2.1.5.2　软件应具备根据路径上每一活动的驱动逻辑，追溯关键或非关键路径至任意一个完工日期或关键日期的功能。

2.1.6　日历

2.1.6.1　项目管理软件要求支持为项目的活动、资源与滞后量等分别使用不同的工作日历，且日历中应包含以下信息：

■　工作周的开始日；

■　工作周与周末；

■　工作日；

■　每日的工作时间；

■　节假日；

■　标准日历与例外。

2.1.7　资源

2.1.7.1　项目管理软件内要求能显示多种不同资源，并根据项目活动分配的资源量，制定现实的工作计划。

2.1.7.2　实现资源计划的方式有很多种，如果希望做有效的资源分析，则要求计划员必须熟悉可用的分析工具。同时，软件说明里也应该对分析工具里提供的不同算法与选项有尽可能详细的说明。

2.1.7.3　软件在计算项目可用资源（指项目整体这一级别）应该有以下信息：

■　资源的 ID 或唯一标识码；

■　资源名称；

■　资源日历；

■　一定日期或时间范围以内的可用资源量；

■　每一资源允许的标准与最大超负荷量；

■　按照以下几个分类定义的资源成本：

　　○　正常可用的资源；

　　○　未使用的资源；

　　○　已超负荷使用的资源；

　　○　需加班使用的资源；

　　○　一次付清全款的资源。

2.1.7.4　在为项目活动分配资源时，要求做到：

■　为单个活动分配多种不同资源；

■　根据活动的延续时间，指定资源分配的起止日期；

■　如果资源短缺导致项目活动需分阶段完成，软件中予以注明；

■ 根据活动延续时间，分配的资源量在特定时间可以有所不同；

■ 为某一活动分配的总资源量可以根据一定条件在活动延续时间内以一定方式再分配；

■ 根据最大与最小可用资源量，可选择维持现在的活动延续时间或根据资源重新计算。

2.1.7.5　软件在计算项目资源时要求能做到：

■ 自项目开始，随着项目推进，能做到：

　○ 在不推迟截止日期的前提下，实现项目资源平滑（只使用项目可用的浮动时间，尽可能减少资源的超负荷使用）；

　○ 在可以推迟截止日期的前提下，实现项目资源平滑（首先使用可用浮动时间尽可能减少资源超负荷使用，随后当资源的超负荷使用已达到最大允许范围时，推迟关键活动的日期以确保资源的超负荷使用率低于最大允许范围）；

　○ 对资源使用划分优先级，确保资源不超负荷使用（对资源的使用需求划分优先级，并可以为此而推迟活动的结束日期）；

　○ 资源成本计算（根据不同资源的成本参数，计算完成每一活动的成本及最后一定时间内项目的累计成本）。

■ 反推到项目起始点，利用项目开工分配的结果，防止进度资源达到标准或最大超负荷水平。

2.1.7.6　软件在生成项目管理资源报告时要求包含以下信息：

■ 资源统计（根据项目活动的起止日期，统计每一项资源的消耗）；

■ 资源消耗柱状图，对比不限制资源消耗与有计划分配资源时对项目活动的影响，其中资源还应该分为：

　○ 正常可用的资源；

　○ 已达到最大可使用量的资源；

　○ 已使用的资源；

　○ 未使用的资源；

　○ 已超负荷使用的资源。

■ 针对项目活动，资源报告应列出：

　○ 由于资源分配划分优先级而导致活动延期时，是因为哪一些资源被限制而延期；

　○ 活动所消耗的资源成本。

■ 项目总体成本报告应列出：

　○ 所分配资源的单位时间成本；

　○ 项目累计成本（可能包括未使用资源的成本及突发事件

成本);

○　资源报告里应列出每一项资源应用到的项目活动；

○　资源报告中应该根据时间（如每个自然月）和计划部分
（如每一个工作结构分解的部分）分别计算资源的使用
率和成本。

2.1.7.7　在项目进行过程中，软件应及时对资源分配进行更新
以反映以下情况：

■　资源的实际消耗量与实际成本；

■　根据项目进展，调整当前与未来计划的资源消耗，使用已存
档的计划部分则不受影响。

2.1.7.8　软件对项目资源还应该根据一定的标准做出划分，包括：

■　技能类型；

■　替代资源（当原指定资源已超负荷使用时，自动使用替代
资源）；

■　资源结构分解（与工作结构分解类似，附带有资源累计消耗
报告）；

■　堆叠柱状图；

■　备用的资源分级策略、资源平滑算法及其功能说明。

2.1.7.9　软件还应该具备以下功能：

■　将资源基准线与当前计划分开存档；

■　多个项目共享资源池；

■　手动设置项目与活动的优先级（在资源计划时会影响到资源
分配）；

■　单个项目内建立资源池（详见替代资源）；

■　对项目挣值进行累加统计。

2.1.8　工作结构分解与项目活动编码

2.1.8.1　项目管理软件应该有工作结构分解功能，并支持八层
的结构分解；少于五层的结构常常不足以应付复杂项目。

2.1.8.2　复杂项目的计划中，常常会需要用到自定义的数据库
和域为活动编码，具有显示自定义编码功能的软件显然更适合复杂
项目的计划。

2.1.9　组织

2.1.9.1　软件在显示项目计划时，要求支持以任意的域、属性
等关键字，对项目活动、逻辑等进行排序和显示。

2.1.10　过滤

2.1.10.1　软件在显示项目计划时，要求能根据指定的域或属性
的值对计划内容进行过滤筛选（过滤条件可以是单一属性，也可以
是条件组合），过滤条件可以包括：

- 等于（过滤条件值）；
- 包含；
- 不等于；
- 不包含；

或者当过滤条件包含域值区间时，还可以筛选出：

- 域值区间内的项；
- 不在域值区间内的项。

此外，过滤功能还应该支持使用"与"和"或"逻辑，以及二者的组合。

2.1.11 布局

2.1.11.1 项目计划的显示布局至少应包括：

- 不含逻辑的条形图；
- 含逻辑的条形图；
- 网络图（产品数据管理或箭头网络图）；
- 项目资源概况；
- 项目成本概况。

2.1.11.2 用户在生成报告时，软件应支持用户自定义希望显示的域、属性及自定义组织和过滤规则。

2.1.11.3 用户希望显示的项目数据要求可以选定任意的时长和计划密度，涵盖的时间范围应该从最初项目启动的 6 个月前至最末的项目完工后 12 年。

2.1.11.4 显示布局应该支持纸质和 PDF 打印两种方式。

2.1.12 完工资料

2.1.12.1 软件在保存项目活动与资源的数据时，应包括以下内容：

- 实际延续时间；
- 开工日期；
- 完工日期；
- 完成的百分比；
- 剩余的时间；
- 计算成本；
- 实际成本；
- 认证值；
- 已消耗的资源量；
- 当前达到的产出率系数。

2.1.13 升级与更新

2.1.13.1 项目活动的条线图中，计算日期应该以横跨图表的直线形式标注在活动日期上。

2.1.13.2 软件应该可以通过对比设计基准线与当前的实际进

展，尽早发现可能存在的延期或活动顺序改变。

2.1.13.3 在计算日期到来时，要求软件能根据以下事件的影响，重新计算关键与非关键路径及各活动可能存在的提前／推迟开工或完工：

- 预计在计算日期时应开工或完工的活动已提前开工或完工；
- 计算日期到来时无推迟开工或完工的活动；
- 计算日期到来时，正在进行中的活动，根据其已完成的百分比和原计划的延续时间，为其指定截止日期（在此计算日期以后）。

2.1.14 输入数据和修改

2.1.14.1 用户在输入或修改数据时，软件应提供缓存功能，方便用户可以随时撤销之前操作，并需要用户确认是否保存修改。

2.1.15 存档

2.1.15.1 项目文件要求能以压缩数据的格式存档。

2.1.16 培训与技术支持

2.1.16.1 软件培训对项目计划员开展工作至关重要（即使对于富有经验的计划员而言亦是如此）；同样，无论软件使用多么简单，开发者也应该附上详细说明。

2.1.16.2 现代软件由于其复杂性和厂商本身的局限性，发布前可能未经过涵盖所有方面的严格测试，因此在软件使用过程中，保证与技术支持部门的沟通和定期发布软件更新尤为重要。

2.2 可附加功能

2.2.1 下列功能不影响软件对项目的计划和最终输出，但从用户体验的角度说，某些特定情况下会有较大作用。

2.2.2 企业内部软件共享

2.2.2.1 软件共享使得项目计划可以通过互联网修改和审阅，大型和复杂的项目可以由身处不同地理位置的人共同计划和监管。

2.2.2.2 共享功能还可以将公司内部所有进行的项目相互关联，有助于公司内部管理和资源调配。

2.2.3 通信功能

2.2.3.1 软件可授权公司外的组织或人员通过互联网接入，进而查看部分或全部公司的项目计划，在管理员给予权限的情况下还可以对计划进行修改，对项目管理也起到积极作用。

2.2.4 显示和外观

2.2.4.1 出于人性化设计的考虑，软件应支持用户根据自身的需求，选择显示的字体、线条粗细、每一项目域的颜色及背景色等。

2.2.4.2　用户常常需要在项目报告中使用高亮等形式着重突出某一部分，软件也可以添加这一功能。

2.2.5　项目计划对比

2.2.5.1　在项目计划的审查和修改中，常常会需要逐行对比两个或多个不同版本的计划，在项目管理软件中可以表现为选定一个目标计划与当前打开的计划进行对比。

2.2.6　组织

2.2.6.1　根据逻辑的前驱与后驱顺序调整显示布局也是常常用到的功能。

2.2.7　与同类型软件的对接功能

2.2.7.1　软件在设计从其他软件中导入项目计划，或向其他软件导出计划的功能时，应牢记必须标出计划可能因为导入 / 导出而产生的差异之处。

2.2.7.2　出于计划更新、分析和质保等原因，常常需要从其他数据库软件，如 MS Excel 或 MS Access 等，导入（或导出）项目计划，则软件开发时可以加入这一功能。

2.2.7.3　为方便起见，项目活动的 ID 还可以加入超链接功能，指向其他可以帮助说明此活动的文档，包括图片、视频、图表等。

2.2.7.4　软件还可以开发与时间管理和成本管理系统对接的接口，使软件自动更新项目时间、设备与材料库存等信息后，可以自动对现有的资源计划进行更新。

2.2.8　风险分析

2.2.8.1　在分析延时的情况时，对关键路径上的活动延时进行逐步查看和计算，以确定最终影响程度，这一功能也会常常用到。

2.2.8.2　在条件给定及项目数据没有大变动的前提下，还可以使用蒙特卡罗分析法预测项目成功完成的概率及最终可能的产出值。

2.2.9　存档

2.2.9.1　对项目计划保留备份以便随时恢复至初始状态或可以手动执行计划，也是常会用到的功能。

附录 3　延迟通告范例

事件描述：请求对设计输入矛盾之处予以说明

事件编号：25

详细情况：

走道的设计输入中尺寸有错误之处，提供的尺寸数据与图纸中的坐标不吻合。走道所用钢材均按所提供的尺寸数据采购，已完工并交付。安装时发现长度仍短 0.5 米。

根据 5 月 20 日 C 的说明，SC 已修改设计，在走道中部新加一小嵌板修正该错误。走道初次安装在 1998 年 4 月 1 日至 5 月 14 日之间完成，而由于需要修正该设计错误，MOF 码头的完工日期被推迟至 1998 年 6 月 11 日。

参考文档：

SC 给 C 的信件，1998 年 5 月 11 日；

SC 给 C 的信件，1998 年 5 月 12 日；

C 给 SC 的回信，1998 年 5 月 20 日；

FI. 51——1998 年 6 月 6 日；

项目计划，1998 年 5 月 11 日版。

事件序列

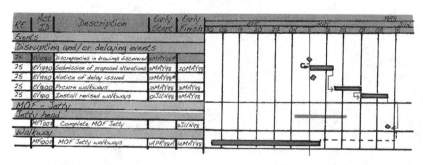

依据的合同条款：条款 25、26

时间影响：MOF 码头的阶段性竣工日期推迟至 1998 年 6 月 11 日

成本影响：因海上工程船舶与设备推迟复员及 MOF 码头推迟完工而造成的成本增加。

附录 4　常用英标工业生产率指标

按英国标准讨论生产率时，常用的标准有 Planning Planet[14] 的输出 – 生产比，计划工程师协会 PEO[15] 的交付周期等指标。

建筑师手册中一般会给出如何计算项目活动的时间和价格，下列书目可做参考（按字母顺序排列）：

- Laxton's；[16]
- POMI；[17]
- Spencer Geddes；[18]
- Spon's；[19]
- Wessex[20]

以 POMI 手册为例，作者以自身经验向读者提出了怎样达到预计生产率系数的建议：

"劳动力的约束通常依赖该专业评估者、调查者及承包商的调研数据和预测。某些情况下，只有当新工作的产出率没有达到上述预期时，才需要建筑师亲自检查。大多数工程里的工时计算都来自于过往项目的数据与经验，反映出工程队在常规典型工况下所能达到的水平。"

无论上述标准的权威与否，用户在引用时都需要谨慎对待，结合自身项目的实际情况与标准中规定的理想状况进行对比，并作出适当调整。

14　http://www.planningplanet.com/output-pege.asp?Choice=outputs.

15　http://www.planningengineers.org/knowledge/leadtimes.aspx.

16　Laxton's Building Price Book, Butterworth-Heinemann.

17　POMI Building price Book〔Principles of Measurement（international）for Works of constouction〕, Barton Publishers.

18　Spencer Geddes' Estimating for Building and civil Engineering Works, Butterworth-Heinemem.

19　Spon's Architects and Builders Price Book, Chapman and Hall.

20　Wessex Engineering Services Price Book, Wessex Electronic Publishiy Ltd.

缩略词表

ADM   箭线图方法

ALAP   尽可能迟

ASAP   尽可能早

CBS   成本分解系统

CDM   适用于英国范围内的安保法规（2007 年版）

CPM   关键路径法

CTS   方块图法

D&B   设计与施工

DMS   文档管理系统

EPC   工程总承包

EVA   挣值分析

EVM   挣值管理

EXF   预期完成

FF   结束至结束

FNET   不早于……结束

FNLT   不迟于……结束

FS   结束至开始

GMP   最大保证价

ID   身份识别数据

MF   强制完成

MS   强制开始

OBS   组织分解结构

PDF   可移植文档格式

PDM   优先级图表法

SCL   英国建筑法协会

SF   开始至结束

SNET   不早于……开始

SNLT   不迟于……开始

SS   开始至开始

TF   总浮动量

WBS   工作分解结构

ZFF   零自由浮动量

ZTF   零总浮动量

术语表

absenteeism（旷工）：劳动力资源未能按计划到达施工地点

acceleration（加速）：由业主方采取的弥补进度延后的措施，同见"恢复"（recovery）词条

activity（项目活动）：被特定标识出的一部分项目工作

activity-content coding（活动内容编码）：详见 3.7.20 及 3.8.21

activity-cost coding（活动造价编码）：详见 3.7.21 及 3.8.22

activity description（活动简述）：详见 3.8.3 及 4.3.8

activity identifier（活动标识符）：详见 3.7.9 及 3.8.2

activity-identifier coding（活动标识符编码）：见"活动标识符"词条

algorithm（算法）：特定的计算方法

animation（动画）：对特定项目工作序列使用计算机的重建

approximate quantities（工作量估计）：预估的项目工作量，通常在初步设计完成后至详细设计完成前进行，用于估算项目造价

area（区域）：出于管理与监控需要，在项目工作中划分出来的特定部分

arrow-diagram method（箭线图法）：一种特定的项目规划方法，用箭头表示任务，节点表示事件，详见 3.4.8

as-built（完工）：已完成的项目工作

as-built schedule（完工计划）：见 3.3.7

as-late-as-possible（尽可能晚）：见 3.8.45.3 及 3.8.46

as-soon-as-possible（尽可能早）：见 3.8.46

audit trail（审计跟踪）：在某一项目文件内的数据能够被其他工作引用之前，所进行的一系列检查工作

backfill（回填）：使用特定材料填满洞穴的工作

bar chart（柱状图）：见 3.4.5

benchmarking（基准测试）：见 3.8.13 及 5.4

bid（投标）：详见"投标（tender)"

bid schedule（投标计划）：详见"投标计划"（tender schedule）

bills of quantities（工程量清单）：项目施工所需的文件，通常根据既定的施工原则计算出项目工程量，并据此得出计算工程造价时所应遵循的材料与人工的质量标准

buffer（缓冲区）：见"意外事件"（contingency）词条

calendar（日历）：见 3.7.15 及 3.8.17

cash flow（现金流）：在一定期间内，按照一定规则（通常可指会计规则），计算出的现金流入与现金支出数目；过去支出的现金数（实际值）和未来的支出（计划和预计）

CDM regulations（CDM 法规）：适用于英国范围内的安保法规

Cell（单元）：报表的基本组成单位，通常由字母表示水平位置（行），由数字表示垂直位置（列）

change management（变革管理）：当项目实际情况与合同规定的质量、工程量、方法、造价或工期等出现偏差时，控制可能产生的影响所采取的方法和手段

civil commotion（民众骚乱）：通常与暴动（riot）联系在一起，指数量庞大的人群骚乱

coding structure（编码结构）：见 3.7.9.2 及图 15

completion date（竣工日期）：项目工作的截止日期，项目计划编排的主题

complex projects（复杂项目）：见 1.5.1 及 1.5.3

construction manager（施工经理）：施工现场负责监管项目经营状况及分包商施工质量的人员

consultant（咨询顾问）：由业主方聘请的提供咨询服务的人员；见"设计团队（design team）"词条

contemporaneous-period analysis（同期分析）：见"窗口（windows）"词条

contiguous duration（连续工作时长）：在不受干扰持续工作的前提下完成某一活动所需要的总时长

contingency（意外开销）：为项目预留的时间或资源（根据需求而定）

contract administrator（合同监管人）：由业主方聘请，按照建筑合同规定履行其职责的人员

cost coding（成本编码）：见 3.7.21 及 3.8.22

Count the square（方块图法）：见 4.6.7

Crew（群组）：完成某一特定任务的人员群体总称

crew size（群组大小）：群组成员的数目；见 3.5.14

critical path（关键路径）：见 3.8.58

critical-path method（关键路径法）：见 3.7.5.1

curing（烘烤）：将液态混合物或材料凝固的化学反应过程

cut and fill（挖方与填土）：地面找平方法，将高处地面挖方后填充于低处

dangle（悬空活动）：见"开口项（open end）"词条

data date（计算日期）：项目计划定期升级或进度更新的时间点，

也被称为当前时间

data schedule（**数据表**）：按一定方式排序后的项目活动列表，包含各活动的依赖关系，工期，资源及产出率。见 3.7.5.2

database（**数据库**）：以计算机为存储介质，按照对应的属性域和域值方式存储的项目数据。可以按照不同的过滤和组织方式进行查找和检索

database record（**数据库记录**）：录入数据库的数据

delivery lead time（**交货间隔期**）：自下订单至收货的间隔时间

density design（**密度设计**）：见 3.7.11

dependency（**依赖关系**）：项目计划中两个或多个活动之间的关系，决定活动开展的时间与先后顺序

design and build（**设计与建造**）：项目采购的一种方式，承包商同时负责设计工作

design consultant（**设计顾问**）：设计团队的成员

design team（**设计团队**）：负责项目任意部分设计的人员总称（不包括上述负责设计的承包商）

development schedule（**进度计划**）：见 3.3.3

disruption（**干扰**）：见 4.5.14

document–management system（**文档管理系统**）：能自动录入文档相关信息的数据库，通常带有图形化接口，方便用户预览文档内容

domestic subcontractor（**当地分包商**）：由承包商指定的分包商

double entry（**双重录入**）：簿记建档的方法，录入的数据被复制后存在不同的位置

down time（**停工时间**）：项目施工被暂停的时间（通常较短）

driving relationship（**驱动关系**）：项目计划里某一活动的启动或结束依赖于另一活动的启动或结束的关系

dummy（**虚活动**）：箭线图法构建的网络中，不需要任何实际工作的虚设活动，详见 3.4.8.3。PDM（在产品数据管理）中也常常用以简化各活动之间的逻辑关系。

Duration（**工期**）：活动自开始至结束的时长

dynamic schedule（**动态计划**）：能实时反应项目进展中的变动及预期所造成的影响的项目计划

earned–value management（**挣值管理**）：见 4.6.10

earthworks（**土方工程**）：指前述的挖方与填土（cut and fill）或其他重整地形的工作

effort expended（**已投入人工量**）：已完成的整体工作量

egress（**出口**）：出口或出路

employer（业主）：建筑合同中负责工作委派及支付工程款的合同方，亦称作"产权方"或"买方"

employer's contractors（业主方承包商）：由业主方指定（通常为特定的某些工作），并在项目主合同外单独签订合同的承包商

employer's goods and materials（业主方物资）：需由业主方向承包商提供的物资（原材料及成品）

end-user requirement（用户需求）：项目最终产品应用方的需求

Engineer, procure and construct（工程总承包，EPC模式）：也被称作交钥匙承包，项目合同的一种，承包商负责完成所有的设计，并最终交付可以使用的工程产品。

engineering logic（工程逻辑）：见3.8.27

environmental conditions（环境条件）：通常指气候条件，但也可根据项目需要，包含其他一些条件，尤其常见于工程量较大的项目，如矿业、水坝、核电站等项目中

event register（事件管理器）：干扰性事件及事件相关的主要信息列表，见3.8.65.5

executive summary（项目执行摘要）：项目详细报告的简化版本，突出项目重要特征

expected finish（预期完成）：见3.8.48.1

expired time（超期时间）：实际消耗时间与计划时间对比所超出的部分

filter（过滤器）：数据库里的操作手段，从所有记录中检索出一个或多个特定域的值

finish-no-earlier-than（不早于……完成）：见3.8.47.1及3.8.49.1

finish-no-later-than（不迟于……完成）：见3.8.47.1及3.8.49.1

finish-to-finish（完成至完成）：见3.8.33

finish-to-start（完成至开始）：见3.8.34

flag（旗标）：用于引起注意的标志

flexible constraints（弹性限制）：见3.8.46

float（浮动）：见3.8.50

float values（浮动值）：在一定的项目路径上的总浮动量

floor slab（预制板）：铺设地板的材料，通常材料为混凝土

force majeure（不可抗力）：业主与开发商双方均无法控制的干扰性事件，且一旦发生，除非另有规定，则合同被认定为无法实现

formulaic calculation（公式化计算）：运用公式进行的计算

formwork（支模架）：混凝土浇筑前搭建的临时性约束结构

fragnet（子网）：一部分项目活动组成的小型网络，见4.5.13.5，5.2.5.5及附录3

free float（自由浮动量）：见 3.8.51

gang（团体）：见"群组（crew）"

一般性资源：

ground beam（地梁）：联系不同基础垫层块的基础梁

guaranteed maximum price（GMP 保证最高价格合同）：一种目标成本法的采购形式，此类合同的承包商将承担更多的风险

hammock（集合）：一组活动中最先开始与最晚结束的活动标志，通常用于统计和小结

health-and-safety planning manager（安全监管员）：负责项目施工过程所有施工安全事宜，并确保其符合相关法律法规的专员

Housing Grants, Construction and Regeneration Act（房屋补助金、建设与重建法案）：英国颁布的法案，赋予承包商在工程款未及时偿付时暂停施工的权利

Impacting（影响作用）：计算某一干扰事件对整个动态计划造成的影响的过程，见 4.5.15

implied variation（默认变化）：被默认为变化的活动或不作为

industry standards（工业标准）：见附录 4

inflexible constraints（刚性限制）：见 3.8.48

information flow（信息流）：从一方至另一方的信息传递

information-release dates（信息发布日期）：根据合同规定，设计团队应向承包商提供必要信息的日期

interruptible activity（可中断活动）：为保证项目网络的逻辑性，某些活动的时长可能会超出理想的连续工作所需时长；或根据项目资源的间歇可用性，活动的时长可能会被延长或压缩

intervening event（干扰事件）：影响项目进展的事件；见附录 1 中有关业主方承担的计划风险，也可参见 4.5.7 及 4.5.15

jagged line（锯齿线法）：见 4.6.6

key date（关键日期）：通常指项目工作的阶段性完工日期

labor（劳动力）：见"劳动力（labour）"词条

labour（劳动力）：人力资源

ladders（阶梯）：见 3.8.40.3 及 3.8.71

lag（滞后）：见 3.8.36

lagged finish-to-finish（滞后的结束至结束）：见 3.8.37

lagged finish-to-start（滞后的结束至开始）：见 3.8.38

lagged start-to-start（滞后的开始至开始）：见 3.8.39

lead（提前）：见 3.8.36.2

learning curves（学习曲线）：通过反复练习提高项目人工劳动力的熟练度，以练习次数为横坐标，达到的生产率为纵坐标画出的曲线

levelling（平衡）：见"资源平衡（resource levelling）"

limited possession（受限的所有权）：某一特定时段内，开发商允许独占项目工作的某一特定部分

line-of-balance diagram（平衡线图表）：见 3.4.6

linked bar chart（联接的柱状图）：见 3.4.10

local regulations（地方性法规）：项目施工地区所颁布的法律法规

lockout（停工）：业主方抵制工人要求采取的停工

logic（逻辑）：见 3.8.26

logic tracing（逻辑追溯）：利用驱动关系追溯项目的某一特定路径

logical interface（逻辑接口）：（项目活动的）前驱或后驱

logistics（物流）：从采购开始至项目工作完成期间对项目资源流动的管理

long lag（长滞后）：见 3.8.69

longest path（最长路径）：见"关键路径（critical path）"

machines（机器）：见"设备（plant）"

mandatory-project-finish（项目强制完成）：见 3.8.48.1

manually applied constraint（人工添加约束）：项目网络的约束中并非由逻辑关系运算得出的部分，见 3.8.67

milestone（里程碑）：见 4.6.8

milestone monitoring（里程碑监控）：见 4.6.8

milestone schedule（里程碑计划）：见 4.6.8

mitigation（减轻）：采取特定措施减少可预见的损失、花销或延期

mobilisation period（动员期）：自发布任务开始至动工和完工以前，所必需的项目资源整合时间

moderate constraints（温和约束）：见 3.8.47

Monte Carlo analysis（蒙特卡罗分析）：见 3.8.55.3 至 3.8.55.9

must-finish-on[（到期）必须完成]：见 3.8.48.1

must-start-on[（到期）必须开始]：见 3.8.48.1

named subcontractor（甲方提名分包商）：由开发商（总承包）从业主提供的列表中选择的分包商，并由开发商与其签订合同，（通常也由开发商负责监管分包商工程质量），常见于某些特殊项目

negative float（负浮动）：见 3.8.53

negative lag（负滞后）：见 3.8.41 及 3.8.70

network（网络）：项目计划的一种，项目活动由各自的前驱与后驱活动形成联接

network diagram（网络图表）：见 3.4.8 至 3.4.10.2

node（节点）：网络中不同箭头的连接点，表示一个事件；见 3.4.8 至 3.4.10.2

nominated subcontractor（甲方指定分包商）：由业主方（甲方）指定（并由甲方负责监管其工程质量），与常见于某些特殊项目

non-contiguous activity（不连贯活动）：见"可中断活动（interruptible activity）"

non-driving relationship（非驱动关系）：用于关闭某一项目网络的逻辑关系，要求不在关键路径上且不会出现开口项

open end（开口项）：见3.8.68

organisation-breakdown structure（组织分解结构）：项目工作执行中管理方与其他方的责任关系，见3.8.1.7

organising（组织）：按照一定要求进行排序

out-turn cost（结算成本）：项目的最终成本，投标价外加变动成本，各种意外或损失的偿付款等，包括项目咨询费，计划费与执照费等，见2.1.5

overload（超负荷）：项目进展的一种特定状态，为达到工期要求，资源的需求量超出原计划

overtime（加班）：被要求在正常工作时间以外进行工作的时间

owner（业主）：见"业主（employer）"

pacing（节奏调整）：减少某一工作的资源配给，延缓其进展，使其与延迟的工作匹配

partial possession（部分产权）：在项目完工前业主方开始使用已完工部分

planning（规划）：见"项目规划（project planning）"

planning method statement（规划方法纲领）：见2.6

planning strategy（规划策略）：见2.1

plant（设备）：机械设备

possession（所有权）：对某一施工区域的实际控制权

precedence diagram（顺序图）：用节点表示项目活动的网络图

predecessor（前驱活动）：逻辑关系上必须自身开始或结束后，其他活动方能开始或结束的项目活动

preferential logic（优先度逻辑）：见3.8.28

prime cost sum（原价统计）：合同总金额里包含的一笔特定支出，金额视情况而定，用于特定分包商的工作或某些尚未确定的原材料

production records（生产记录）：见"进度记录（progress records）"

productivity quotients（生产率系数）：在指定工作和指定资源配给的条件下所能达到的工作效率

programme（项目计划）：某些项目合同中要求的项目时间控制文档，通常要求以纸质打印形式给出，见"计划（schedule）"

progress monitoring（进度监控）：见4.6

progress records（进度记录）:项目实际进展的记录文档,见 2.7、4.3.5、4.3.6

progress update（进度更新）:见 2.4

project control（项目控制）:见 1.8

project manager（项目经理）:由业主方聘请的专业人员,负责协调来自项目咨询顾问的设计输入与开发商的实际项目工作二者的对接关系

project planning（项目规划）:见 1.6

project scheduler（项目计划员）:见 1.7

project scope（项目范围）:所有为达到项目目标而需要完成的工作,根据项目的设计、可行性、可实现性等情况,项目最终交付可能会涉及不止一份项目合同

provisional sum（不可预见费）:合同总金额中包含的不可预见支出,额度视情况而定,主要用于投标阶段无法给出详细规划的项目工作

rebar（钢筋）:见"补强钢筋（reinforcement）"

record keeping（记账）:见 2.7

record retrieval（记录检索）:查找已存储的信息,见 4.3.1.1

recovery（进度恢复）:由开发商承担开销的弥补进度延期的措施,见"加速（acceleration）"

reinforcement（补强钢筋）:埋入混凝土中的钢筋,增强其抗张强度,也被称作钢筋（rebar）

remaining time（剩余时间）:某一活动完成前预计消耗的时间

repetitive cycle（重复循环）:执行超过两次的序列

resource（资源）:任何完成工作所必需的事物,但通常指原材料、人工、设备、场地、成本开销等

resource-allocation data（资源分配数据）:有关资源使用状况的数据

resource levelling（资源平衡）:见 3.5.2.10 及 3.8.15.7

resource logic（资源逻辑）:见 3.8.29

resource planning（资源规划）:见 3.5

resource scheduling（资源调度）:见 3.5

resource smoothing（资源平滑）:见"资源平衡（resource levelling）"

rework（返工）:对有瑕疵的施工进行维修

risk manager（风控经理）:管理项目风险登记表的专员

risk register（风险登记表）:登记有可预见的项目风险、发生概率、可能造成的后果及计划中的对应措施等信息的表格

schedule（计划）：项目工作的时间模型

schedule density（计划密度）：见 3.7.11

schedule design（计划设计）：见 3.7

schedule integrity（计划完整性）：动态计划必须具备的特征，以便计算变动造成的影响，见 3.8.66

schedule review（计划审核）：见 4.2

schedule at high density（高密度计划）：见 3.7.14

schedule at low density（低密度计划）：见 3.7.12

schedule at medium density（中密度计划）：见 3.7.13

scheduling options（计划选项）：软件中选择不同计算算法的开关选项，见 3.8.72

SCL Protocol（SCL 协议）：由英国工程法协会（SCL）于 2002 年在伦敦颁发的关于延期与干扰的协议

sectional completion date（阶段性竣工日期）：合同规定某一特定部分的工作必须完成的日期

separate contractor（单独承包商）：在主合同以外单独签订承包合同的承包商

short–term, look–ahead report（短期前瞻性报告）：自计算日期开始，描述高密度计划部分的报告

shuttering（模板）：见"支模架（formwork）"

simple projects（简单项目）：见 1.5.2

smoothing（平滑）：见"资源平滑（resource smoothing）"

sorting（排序）：根据一定规则确定数据库报告中特定值的显示顺序的过程

spreadsheet（报表）：由单元组成的网格状电子表格，可填入数据与公式，并可进行列举、过滤、排序、组织和计算等操作

standard outputs（标准输出）：正式发布的生产率系数，见 3.5

start–no–earlier–than（不早于开始）：见 3.8.47.1

start–no–later–than（不迟于开始）：见 3.8.47.1

start–to–finish（开始至结束）：见 3.8.35

start–to–start（开始至开始）：见 3.8.32

statutory approvals（法定许可证）：根据法律要求必须具备的许可证

statutory undertaker（法定公共服务承办者）：拥有法律授权提供特定公共服务的公司，通常指运输或供水电气等服务。见"公共服务（utility）"

stretched activity（被延长的活动）：见"可中断活动（interruptible activity）"

strike（罢工）：从项目施工里撤回劳动力的集体行为

strike formwork（模架拆除）：移除支模架

submittal（提交）：申请批准或许可

sub-project（子项目）：工作的特定部分，有开始和结束日期

successor（后驱活动）：在另一活动开始或结束前，逻辑关系约束本身不能开始或结束的活动

target schedule（目标计划）：项目计划的一种，可用于评估出现的背离情况

temporary works（临时性施工）：为完成永久性施工必须首先完成的工作，但工作结束后不予保留

tender（投标）：根据合同完成工作并索取报酬的开价行为，也称作出价（bid）

tender schedule（投标计划）：见 3.3.4

test and commissioning（测试与检验）：检验与修饰永久性施工的过程（包括整体与部分），以及投入使用前的粉刷工作

third-party issues（第三方问题）：与项目工作相关，需要合同外其他承包商或公司介入解决的问题

third-party projects（第三方项目）：在业主与承包商签订合同范围以外完成的工作

time-chainage diagram（时间里程图）：见 3.4.7

time contingency（额外时间开销）：允许施工或停工的时间段，根据需要而定

time-contingency buffer（额外时间开销缓冲）：见"额外时间开销（time contingency）"，常用于关键路径管理

time-impact analysis（时间影响分析）：计算干扰事件可能产生影响的方法，需要考虑干扰发生前项目已完成的工作部分

time-management strategy（时间管理策略）：见第 2 章

time-model（时间模型）：见第 3 章

time now（当前时间）：见"计算日期（data date）"

topping-out（建筑物落成）：专用于指建筑物完工的术语

total float（总浮动量）：见 3.8.52

trade（贸易）：特定工作的一种

trade-package contractor（采购包承包商）：按照建筑管理合同，承担项目中某一指定部分施工的承包商

trailing open end（结尾开口项）：没有后驱活动的活动项，见 3.8.68

triangular distribution（三角分布）：见 3.8.55.5 至 3.8.55.7

turnkey（交钥匙工程）：见"工程总承包（engineering, procure

and construct ）"

unexpired contingency（**未用的意外开销**）：尚未使用的预留时间余量，见"意外开销（contingency ）"

utilities（**公共服务**）：公共服务措施，包括水电气、电信和其他服务等的服务商，见"法定公共服务承办者（statutory undertaker ）"

variation（**变更**）：由业主方按照合同指定的改动

windows（**窗口**）：表示进行时间分析时选取的特定时间段，见4.5.15.6

work-breakdown structure（**工作分解结构**）：见 3.7.8

work pattern（**工作模式**）：一个工作日里工作时间与休息时间的交替顺序

work-type definition（**工作类型定义**）：对工作性质的描述，需和其他类似的工作有所区分

working schedule（**施工计划**）：见 3.3.5

zero-free-float（**零自由浮动**）：见 3.8.47.1

zero-total-float（**零总浮动量**）：见 3.8.48.1

zonal logic（**分区逻辑**）：见 3.8.30

zone of operation（**施工区域**）：为管理和监控方便而划分的工作部分